地球一やさしい宇宙の話

巨大ブラックホールの謎に挑む！

装丁・太田竜郎（クロス）

はじめに

——かつて「宇宙少年」だった人たちへ——

「ニュートリノに質量があることを発見」「ダークマターの分布図を作成」「重力波の検出に成功」――。ここ数年、宇宙に関する話題はひっきりなしに届いてきます。その知らせに、ぼくたち宇宙に関する専門家は興味をかき立てられ、論文を詳細に読み込んだり、さらに研究を進めたりして、それが次の発見につながったりもするわけです。

しかし、たとえそれが新聞の見出しになっても、世間の関心はなかなか長続きしません。小難しい記事よりも、楽しい話題が身近に溢《あふ》れているので、当たり前でしょう。それは、子どものころ「宇宙少年」と呼ばれていた人も例外ではありません。昔は「水星の内側を回る幻のバルカン星がある！」とか、「準星《じゅんせい》という、遠くにあるのに明るく輝く不思議な天体がある！」といった話にワクワクしていたのに、いまでは宇宙関連の話題が新聞に掲載されていても、一瞥《いちべつ》するだけでスルーしてしまう人が少なくないようです。

その一因は、ぼくたち研究者が、宇宙の不思議さや研究のおもしろさをきちんと伝えることができていなかったことにあるのではないかと思います。

いくら画期的な先端研究をし、成果をあげても、それがみなさんに伝わらないのであれば、とても残念ですし、なんだかもったいない気持ちにもなります。宇宙についての研究の成果をみなさんが理解してくれてはじめて、研究をした意味が生まれるのだと思います。

そこで、いちばん身近な天体である月や太陽系についての最新トピックスから、宇宙の起源、ダークマター、ブラックホールなどに関する話題を、これ以上ないくらい簡潔にまとめてみました。もちろん、ニュートリノや重力波といったキーワードも、中高生でも理解できるくらいまでブレイクダウンして紹介しています。

ぼくの専門領域は宇宙物理学で、宇宙における物理現象を解明することをミッションにしています。望遠鏡を覗《のぞ》くだけでなく、主にコンピュータ・シミュレーションで太古の宇宙の姿などを再現しています。宇宙で最初にできた星はどんなものだったか、銀河の中心にある巨大ブラックホールはどうしてできたのかといった謎にも挑んでいますので、楽しみながら読み進めていただければと思います。

そして、「宇宙って、意外と簡単じゃん」「やっぱり宇宙はおもしろい」と感じていただければ、著者としては望外の喜びです。

では、さっそく「地球一やさしい宇宙の話」の世界にご案内しましょう。

もくじ

第2章

063 最新・宇宙創世記

［第1章］

地球の常識は宇宙の非常識

月に氷が見つかった！

月の画像をアップで見ると、冷えて乾燥した不毛の地のようです。水も生命も存在しない、死火山のような天体——。それがぼくたちが月に抱くイメージでした。

しかし、最近の研究では、月の内部には現在も溶けたマントルの層があるらしいこと、地球が月に及ぼす力によって、月の内部は現在も温められ続けているらしいということなどがわかっています。

また、2017年には日本の月探査機「かぐや」が、月の地下に巨大な空洞を発見しました。月の表側の「嵐の大洋」にある「マリウス丘」に、直径と深さが50ｍほどの縦穴を発見。電波を使って調査したところ、その地下に、幅100ｍほどの空洞が、約50㎞にわたって続いていることがわかったのです。これは、かつての火山活動で流れた溶岩がつくった空洞と考えられ、内部には氷や水が存在する可能性も指摘されています。

さらに2018年には、ハワイ大学やNASA（アメリカ航空宇宙局）などのチームが、月の極地方にむき出しの氷があることを突き止めました。インドの月探査機「チャンドラヤーン１号」が撮影した画像の分析で判明したものです。

今後、複数の国が月に基地をつくる構想をもっていますが、氷や水を現地調達できれば、俄然《がぜん》、実現性が上がります。日本の宇宙航空研究開発機構（ＪＡＸＡ《ジャクサ》）も、２０２０年代前半に探査車を送り込んで、極地方の氷や水を調査しようとしています。

死火山のような天体だと思われていた月が、じつは活火山だったかもしれないと、にわかに注目を集めているのです。

地球のたったひとつの衛星である月。人間はかつて日々変化する月の満ち欠けにしたがって暦《こよみ》をつくりました。日本では１８７２（明治５）年にグレゴリオ暦が導入されるまで、月の満ち欠けによる「旧暦（太陰暦）」を使っており、月が始まる日を「ついたち（月立ち）」、月がほとんど見えなくなる月の最後の日を、「晦（つごもり。つまり月がこもる）」と呼んできたのです。

また、ムダなもののたとえに「月夜に提灯《ちょうちん》」という言葉があります。電灯がなかった時代でも、満月の夜は灯りを持たずに歩くことができました。月は暮らしのなかで大きな位置を占めていたのです。

いまでは、月の大きさ（直径約３４７４㎞で地球の４分の１）や公転速度（秒速約１㎞）

をはじめとして、いろいろなことがわかっています。が、じつは月がどのようにして生まれたのかは、わかっていませんでした。

いまから約46億年前、地球が生まれたときに、月もいっしょに生まれたという「兄弟説」、地球誕生直後に地球の一部がちぎれて生まれたとする「親子説」、たまたま地球の近くを通った小天体が地球の重力で捕らえられたとする「他人説」などが唱えられてきましたが、比較的最近まで決定打がなかったのです。

ちなみに進化論で有名なチャールズ・ダーウィン（1809～1882年）の息子であるイギリスの天文学者ジョージ・ダーウィン（1845～1912年）は、1879年に「親子説」の一種である「分裂説」を提唱しています。誕生間もない地球は高速で回転していたため、遠心力によって、その一部がちぎれたと考えたのです。

現在のところ最も正解に近いだろうと考えられているのは「ジャイアントインパクト説」。生まれたばかりの地球に、火星ほどの大きさの小天体がぶつかり、地球の一部と小天体の残骸《ざんがい》が集まって月が生まれた、というものです。

1946年には発表されていたこの説、当時はそれほど注目されていませんでした。が、1970年代後半から1980年代半ばにかけて、にわかに支持を集めはじめたのです。それは、アポロ計画で持ち帰られた月の岩石の分析が進んだからでした。

1961年から1972年にかけて行われたアポロ計画では、約400kgの岩石が持ち帰られました。それを数年がかりで分析した結果、月の岩石と地球の岩石がよく似ていることがわかったのです。これにより、まず「他人説」が否定されました。さらに、月面に熱せられた跡があることから、「兄弟説」や「親子説」、「分裂説」も退けられたのです。

さらに、最新のコンピュータ・シミュレーションによる研究では、小天体が衝突してから月ができるまでに、ほんの1ヵ月足らずしかかからなかったのではないかとも考えられています。

CHAPTER_1 02/15

月がなくなる日

その月が、地球から少しずつ遠ざかっていることをご存じでしょうか。

現在、月と地球の距離は約38万5000㎞。ところが、月が生まれたばかりのころの地球と月の距離は現在の20分の1〜16分の1で、3万6000㎞上空にある静止衛星よりも近かったようです。もちろん、そのころはまだ地球上に生物は誕生していませんが、地上からは月が落ちてくるように見えたことでしょう。当時の地球は自転スピードが速く、1日は4時間くらいだったと考えられています。

その月が、現在、毎年3・8㎝という速度で遠ざかっているのです。

ちなみに、天体までの距離の測定には、さまざまな方法があります。100光年程度までの近い星なら三角測量の要領で距離がわかります。銀河系のなかのもっと遠い星の場合は、星の色と明るさとの関係で推定します。さらに、何十億光年も離れた銀河などは、分光《ぶんこう》スペクトルの赤方偏移《せきほうへんい》（第2章で詳しく説明します）によって距離を割り出します。

ただし、月の場合は特別です。かつては地上の2点を使った三角測量で距離を求めていましたが、現在は地上から月に向かってレーザー光線を発射し、戻ってくるまでの時間を計ることで正確な距離を把握しているのです。アポロ計画等でアメリカは月に鏡を置いてきましたが、それが現在でも有効に利用されているわけです。

レーザーによる月までの距離測定の精度は、当初は誤差25㎝程度だったものが、現在では2㎝以内に向上。38万5000㎞も先にあるものを、ほぼ正確に割り出す技術には感動するばかりです。

ちなみに、月ができた理由として分裂説を提唱したジョージ・ダーウィンは、「月は年に約4㎝ずつ離れていく」と、現在の観測結果（3・8㎝）とほぼ同じ数字を算出していました。その正確さにも驚かされます。

ところで、月が地球から遠ざかっているのはなぜでしょうか。それには「潮汐力《ちょうせきりょく》」と「角《かく》運動量」が関係しています。数学的な話をするとアレルギー反応を起こす方がいらっしゃるので、数式を使わずになるべく簡単に説明しましょう。

縁日で売られているヨーヨー（水風船）を想像してください。揺《ゆ》するとタップンタップンと衝撃を感じるし、転がしてもスムーズには進んでいきませんね。これは風船本体と、水の動きが一致していないからです。地球は水に囲まれていますから、ヨーヨーと同じようなことが四六時中起きています。このゆったりとした水の動きを潮汐だと考えてみましょう。

詳しいことは省きますが、主にこの**潮汐が引き起こす力によって、地球の自転スピードは少しずつ遅くなっています**。ただし、一定の割合で遅くなっているわけではありません。ですから、地球の自転を観測して割り出した「世界時」と、セシウム原子時計の時刻を基準とする「原子時」の差が一定以上になったら、１秒を足したり引いたりして調整しているのです。最近では２０１５年６月末（日本時間では7月1日）と２０１６年末（日本時間では2017年1月1日）に１秒加えられました。

さて、回転している物体に働く運動の量を「角運動量」といいます（月や惑星も、地球や太陽を中心として回転しています）。ちょっと踏み込んでいうと、**角運動量は「回転速度」×「回転半径」×「回転している物体の重さ」**で表され、外から力が加わらないかぎり運動量が変わることはありません（これを「角運動量保存の法則」といいます）。フィギュアスケートの選手がスピンをしたとき、横に広げていた手を上に上げるとスピードが増すのを見たことがあるでしょう。競技中に体重（回転している物体の重さ）が変わることはないので、手を上に上げることで「回転半径」が減った分、「回転速度」が上がったわけです。

先ほど地球の自転が遅くなっていることを紹介しました。地球と月は物理的にひとつのまとまりだと考えられますが、地球の自転スピードが落ちているので、地球に関しては角運動量が減ります。「角運動量保存の法則」から、地球が角運動量を減らした分、**月は角運動量が増える**ことになります。月の重さも回転速度（地球のまわりを回る速度）も一定だとすると、**回転半径が増える――地球から遠ざかる**ことになるのです。

遠ざかるといってもほんの少しずつなので、ぼくたちの生活には影響がありません。とにかく「**月は潮汐によって地球の自転を遅らせ、自らは地球から離れていく**」と考えておけばいいでしょう。

「明月《めいげつ》をとってくれろと泣く子哉《かな》」

小林一茶《いっさ》（１７６３〜１８２８年）が詠んだ時代にも手の届かない存在だった月は、ますます遠い存在になってしまいそうです。

CHAPTER_1 03/15

地球はゆらゆら揺れている

これから地球と月がどうなっていくかは、月の内部構造などを詳しく調べてみないとわかりません。が、このまま月がどこかに行ってしまう可能性が高いでしょう。するとどうなるか——。月は地球の自転を遅くする働きをしているので、そのタガが外れて自転速度が速まり、**1日は8時間程度**になってしまいます。月のおかげで安定を保っていた地球の大気は、バランスが崩れて常に大嵐が吹き荒れる状態になってしまうでしょう。人間をはじめとする生命が存在し続けられるかどうか、怪しいところです。

もっとも、**太陽はあと60億年ほどたつと急膨張**して巨大な星（赤色巨星《せきしょくきょせい》）になります。その大きさは現在の２００倍ほど。水星、金星は軽々とのみ込まれ、地球もギリギリのところです。運良くのみ込まれないとしても、太陽の熱で月とともに蒸発してしまうに違いありません。

月がなくなるのが先か、太陽が膨張するのが先かはわかりませんが、地球には確実に最期のときがやってきます。でも、ぼくたち人間が心配することではないかもしれません。それまでに人類は進化を遂げて、ホモ・サピエンスの時代ではなくなっているでしょうから。

ちなみに、ぼくたちは「月が地球のまわりを回る」と思い込んでいます。地球がどっしりと構えていて、月を振り回しているようなイメージを抱いているかもしれませんが、それは正確ではありません。月もまた、地球を振り回しているのです。

2つの物体が公転する場合、その軌道は、両方の「共通重心」を中心とするものになります。地球と月の質量は81対1、地球と月の距離は35万7000〜40万7000㎞なので、共通重心は月が地球から最大に離れたときでも、地球の中心から5000㎞あたり。地球の半径が約6400㎞ですから、共通重心は地球の内部ではあるけれど、中心からかなり離れた場所になります。

さて、発泡スチロールのボールに、パチンコ玉を1つ入れて投げることを考えてみましょう。パチンコ玉がボールの中心に埋められていたら、投げられたボールは素直な軌道を描きます。しかしパチンコ玉の位置が真ん中から少しでもズレていたら、ボールはゆらゆらと揺れながら飛んでいきます。月によって共通重心のまわりを振り回される**地球は、まさにこのパチンコ玉入りボールのようなもので、公転する軌道はゆらゆらと揺れているる**のです。

もちろん、これは衛星をもつ惑星すべてにいえることだし、太陽と地球の関係も同じです。太陽と地球の場合、質量の差が圧倒的に大きいので、共通重心は太陽中心から449㎞と、半径70万㎞の太陽にとっては、ほとんど中心と同じですが、影響はゼロではありません。

太陽以外の恒星も、惑星をもっていれば、ほんの少し揺れています。あとで詳しく紹介しますが、この揺れが生む速度の変化を使って系外惑星（太陽系以外の恒星のまわりを回る惑星）を発見することもできるのです。

CHAPTER_1 04/15

惑星が占める割合はわずか0・2%足らず

月と地球に注目したあとは、太陽系に関する新しいトピックを紹介していきましょう。

まず、太陽系の姿を俯瞰《ふかん》しておきます。

太陽の直径は約140万㎞、いちばん遠い海王星の公転半径は約45億㎞です。といっても、これではまったくイメージが湧かないので、ざっくり10億分の1サイズにしてみると――。

太陽――直径１４０cm（運動会の大玉送りの玉くらい）。
水星――直径０・５cm。太陽からの距離は60ｍ。
金星――直径１・２cm。太陽からの距離は１１０ｍ。
地球――直径１・３cm。太陽からの距離は１５０ｍ。
火星――直径０・７cm。太陽からの距離は２３０ｍ。
木星――直径14cm。太陽からの距離は７８０ｍ。
土星――直径12cm。太陽からの距離は１４００ｍ。
天王星――直径５・１cm。太陽からの距離は２９００ｍ。
海王星――直径４・９cm。太陽からの距離は４５００ｍ。

太陽系は、太陽からこんなにも離れたところまで及んでおり、互いの重力で相互作用しながら回転しているのです。

太陽を大玉送りの玉にたとえると、地球の直径はパチンコ玉よりひとまわり大きいくらい。太陽系最大の木星でもスマホの長辺を球形にしたくらいですから、比べものになりません。**実際、太陽の質量は太陽系全体の99・87%**も占めています。

太陽系の惑星たち

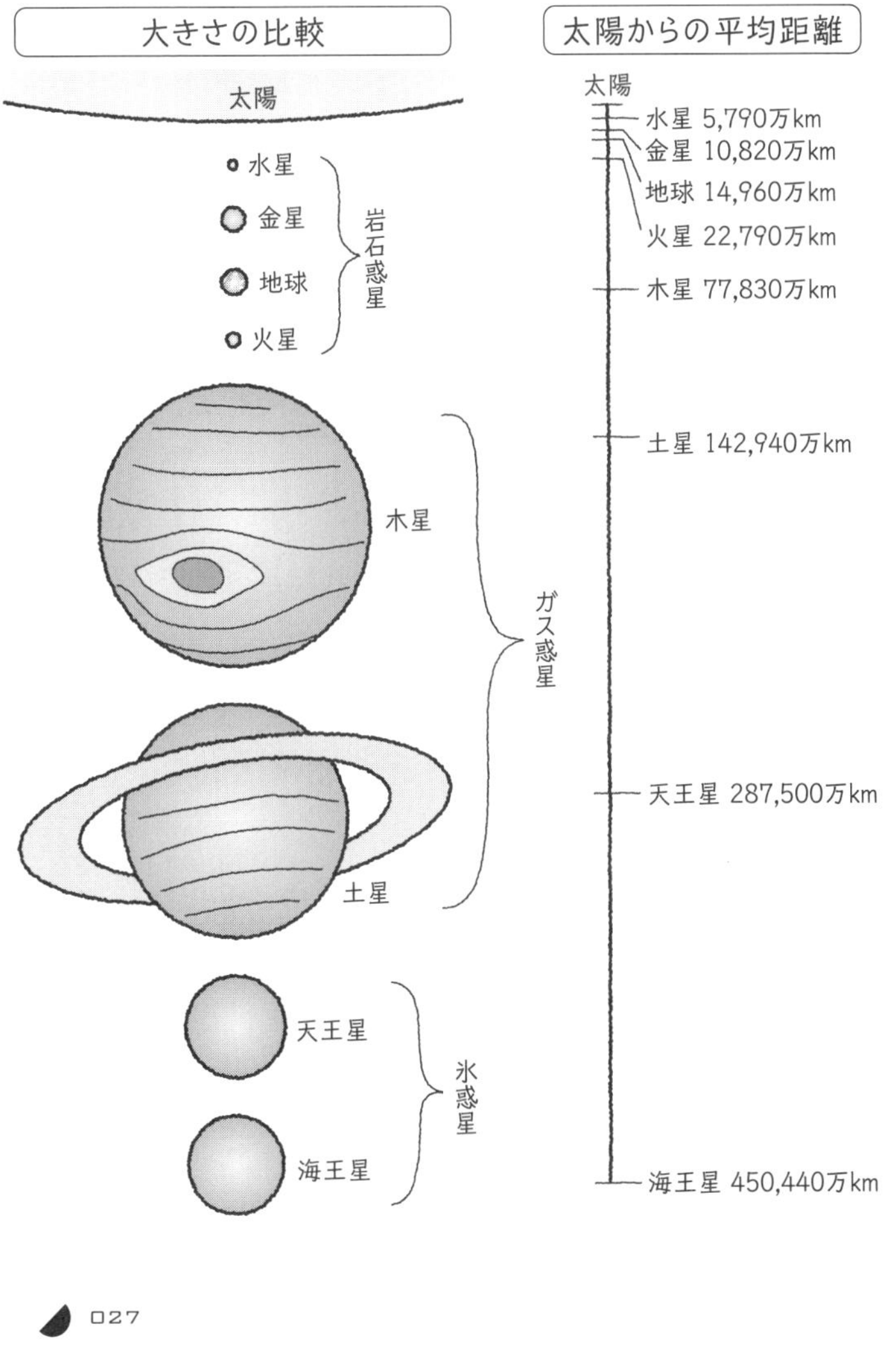
大きさの比較
太陽
水星
金星
地球
火星
岩石惑星
木星
土星
ガス惑星
天王星
海王星
氷惑星
太陽からの平均距離
太陽
水星 5,790万km
金星 10,820万km
地球 14,960万km
火星 22,790万km
木星 77,830万km
土星 142,940万km
天王星 287,500万km
海王星 450,440万km

太陽系の惑星は、主に岩石でできた地球型惑星（岩石惑星）と、主にガスでできたガス惑星、それにメタンやアンモニアの氷でできた氷惑星に分けられます。太陽から見て火星までの4つが岩石惑星、木星と土星がガス惑星、天王星と海王星が氷惑星で、岩石惑星の密度が1立方㎝あたり約4〜5・5グラムなのに対し、木星以遠の惑星は1立方㎝あたり2グラム未満。よくいわれることですが、土星の密度は1立方㎝あたり0・69グラムと水より軽いため、大きなプールを用意すれば水に浮いてしまいます。

CHAPTER_1 05/15

太陽系の主役は木星だった

太陽系の惑星たちが成立する過程で、太陽に近い部分ではその光にあぶられてガスが吹き払われるため、岩石や鉄などを主成分とした岩石惑星が生まれ、その外側に水素ガスなどが集まって巨大なガス惑星ができた——。それが従来の定説でした。

しかしこれには不可思議なところがあります。たとえば岩石惑星では、太陽から遠いほど公転距離が長くなり、微惑星とぶつかる頻度が高まるため、サイズが大きくなるといわれています。実際、水星、金星、地球に関してはそのとおりになっています。

が、火星の質量は地球の10分の1ほど。まったくリクツに合いません。

一方、１９９５年には最初の系外惑星が発見されました。ペガスス座51番星の惑星です。研究者たちが驚いたのは、この惑星が主星（恒星）のすぐそば――太陽にたとえると、最も近い水星よりもさらに内側の軌道――を周回していることと、質量が木星の半分ほどとけっこう巨大なガス惑星だったことです。

その後、数百の系外惑星が発見されていますが、ペガスス座51番星の惑星と同じタイプのものが多いということもわかりました。これらは木星のようなガス惑星で、恒星のすぐそばを回っているのでアッアッに熱せられていることから、「ホット・ジュピター」（熱い木星）と呼ばれています。恒星のそばに岩石惑星があり、その外側をガス惑星が回っているという太陽系の惑星配置は、むしろ例外だったようです。

この謎を解くカギになるかもしれないのが、カリフォルニア大学の天文学者グレゴリー・ラフリン氏らが２０１１年に発表した**「グランド・タック・モデル」。主役は木星で、土星とともに太陽系内を大移動したというものです。**

太陽系誕生当時、木星は現在より太陽に近い位置で生まれ、どんどんガス（天体のもととなる物質）を吸い込みながら、じわじわと太陽に近づきました。ガスを吸い込んで成長するにしたがって質量が増すため、重力（引力）はより強くなり、さらにまわりのガスを奪い取ります。成長すると、まわりのガスと重力で引き合って公転エネルギーが失われ、さらに太陽に近づいていきました。その過程で、それよりも内側で成長しつつあった岩石惑星のもとはいったん破壊され、これが水星や金星、地球の材料となりました。

木星は現在の火星あたりまで太陽に近づいたと考えられます。そのため、その付近では大きな惑星をつくる材料が枯渇してしまい、火星は現在のサイズになってしまったというのです。また、火星と木星のあいだには小惑星帯がありますが、これは木星のせいで惑星の材料がかき乱されたためにできたものだと考えられます。

木星は、このままさらに太陽に近づいていき、それこそペガスス座51番星の惑星と同じような存在になる可能性もありました。ところが、その後、木星のあとを追うように生まれていた土星のせいで(「共鳴」という効果のせいですが、ここではこれ以上の説明は避けておきます)、木星と土星は再び太陽から離れていき、現在の位置に落ち着いたのです。

——これがグランド・タック・モデルの概要で、火星が小さい理由や小惑星帯の形成などをすっきり説明できる理論として注目されています。

とはいえ、木星に関して未解決の謎は多く、その中心に岩石の核があるか否かという、かなり基本的なことさえ、まだはっきりとは解明されてはいません。

ちなみに、木星は、「太陽になれなかった星」とも呼ばれています。木星の組成は、主に水素とヘリウムで、太陽とうりふたつ。ただ、残念ながら質量が足りませんでした。核融合反応が起きて恒星になるには、太陽の８％以上の質量が必要だと考えられていますが、木星の質量は太陽の約０・１％にすぎないのです。

もし、木星が80倍重くなっていたら、燃えて輝く第２の太陽になっていたことでしょう。すると太陽と木星は、お互いを回り合う「連星《れんせい》」になっていたはずです。宇宙の星々を観察すると連星はとてもたくさんあり、太陽のように単独で輝いている星のほうが珍しいほどなのです。

その場合、太陽は複雑な動きをするので、地球上でも生命が発生したかどうか怪しいもの。太陽系や地球がいまのかたちで存在するのは、木星が巨大にならなかったおかげといえるかもしれません。

CHAPTER_1 06/15

火星有人探査で火星人が生命の危機に⁉

ＮＡＳＡの火星探査機「キュリオシティ」は、２０１２年８月に火星に降り立って以来、最大時速約90ｍという低速ではありますが、火星表面を移動しながら、たくさんの画像を撮影し、岩石や土壌のサンプルを採取・分析しています。

2018年、昔、淡水湖があったと考えられている場所でキュリオシティが採集した岩石から有機化合物が発見され、「火星に生命が存在か!?」と盛り上がりました。有機物は生命の材料になる物質で、生命が存在するための〝必要条件〟のひとつです。

また、火星の大気を観測したところ、夏（もちろん、火星の夏です）の終わりにメタンの量が春や冬の3倍にも達しているというデータが得られました。その一部は微生物がつくったという可能性があります（もちろん、生命とは関係のない化学反応で生じたという可能性もありますが）。

さらに同じ年、欧州宇宙機関の火星探査機「マーズ・エクスプレス」は、地下に巨大な湖が存在する可能性を報告しました。火星には、これまでも地表に液体が流れた跡が見つかっていましたが、現在の火星に水の存在を示すデータが得られたのは初めてです。

今後の目標は、火星での有人探査と移住計画でしょう。2017年、NASAは2030年代に火星への有人探査を行うと発表しました。アラブ首長国連邦は、2020年に有人探査機の打ち上げを予定していると発表し、中国やロシアも火星への有人探査に積極的に取り組む姿勢を見せています。また、アメリカのスペースX社は、2024年に火星への有人探査を行い、将来的には100万人規模の移住を行うと発表しています。このとき、液体の水があれば、何かと便利に利用できるでしょう。

ただ、有人探査は一筋縄ではいきません。まずネックになるのはその距離です。地球と火星は、最も近づいたときでも５７００万㎞。最新のロケットで行っても片道２年以上かかる計算です。これだけの長期間、宇宙船にトラブルなどが発生せず、乗組員も無事で過ごすのは大変なことだと思います。

火星に到達してからは、宇宙線からの被曝《ひばく》をどう防ぐかも大きな課題になります。宇宙線は高エネルギーの放射線で、電子機器や、とくに人体に影響を与えます。地球では大気と磁場が被曝から守ってくれていますが、大気が薄く磁場もほとんどない火星では、人は強烈な宇宙線にさらされてしまいます。

また、火星では、巨大な砂竜巻が発生していることがわかっています。２０１８年には、火星に巨大な砂嵐が吹き荒れ、観測中だったＮＡＳＡの火星探査機「オポチュニティー」が動けなくなってしまうというトラブルが発生しました。この嵐、北アメリカとロシアを合わせたほど大きなものだったといいます。そんな過酷な気象に対しても備えておかなくてはなりません。地下に水があるとしても、それを取り出す技術が問題になります。いずれにしても、巨額の費用が大きな壁となるでしょう。

そして何より、火星に生命があるかどうかがわからないいま、火星に不用意に上陸して、その環境を破壊することが許されるのか、という疑問もあります。Ｈ・Ｇ・ウエルズが『宇宙戦争』で描いた火星人の仲間（微生物も含めて）が、地球人が上陸したことによって絶滅してしまってはシャレにならないのです。

CHAPTER_1 07/15

最初の地球外生命体が発見されるのは土星の衛星か

太陽系がいまのかたちになったカギをにぎっていると思われる木星と土星。その衛星に生命が眠っているのではないかと、研究者たちは躍起になってその兆候を探しています。

１９００年代までに発見された衛星は、木星、土星とも20個足らずでした。それが２０１８年現在では木星の衛星が79個、土星が65個。観測技術の向上で、とんでもない数に膨れあがっています。そのなかで、生命が存在する可能性があるとして注目されているのが、土星のエンケラドスやタイタンと、木星のエウロパです。

ＮＡＳＡと欧州宇宙機関によって開発された探査機「カッシーニ」は、２００４年、土星の周回軌道に到達してから、２０１７年に運用を終了するまでのあいだに、さまざまな驚きをもたらしました。たとえば、氷に覆われたエンケラドスの地下に、温かい、塩分を含む海が存在することを発見。すでに説明した潮汐運動がエンケラドスの側《がわ》で起こり、その摩擦で熱が発生すると考えられています。

また、エンケラドスの表面には「タイガーストライプス」と呼ばれるひび割れがあり、そこから間欠泉《かんけつせん》のように水が噴き出している様子が観察されました。カッシーニがその噴き出し（プルーム）のなかを通り抜けて成分を調べた結果、アンモニアや塩類、単純な有機分子など、生命を構成する要素が含まれていることが判明しました。

さらに、このプルームには水素分子が含まれていることもわかりました。水素分子は、海底の岩石と熱水が反応して生まれたのではないかと考えられることから、海底に熱水噴出孔《ふんしゅつこう》があるはずだという研究者もいます。

生命が存在するための条件は、「太陽光や地熱など、生命活動のもとになるエネルギーがあること」「液体の水があること」「生物の身体をつくる材料になる有機物があること」とされています。**エンケラドスには、熱水噴出孔にエネルギーがあり、液体の海があり、単純ではあっても有機分子が発見されていることから、生命が存在できる条件がほぼ出揃《でそろ》った**かたちです。

エンケラドスの直径は約５００㎞で月の７分の１。けっこう小さい印象ですが、月とは違ってダイナミックに活動しているようなのです。

カッシーニは２００５年、同じく土星の惑星タイタンに小型探査機を着陸させました。タイタンもまた、生命存在の可能性のある衛星です。地下からは、エンケラドスと同じように、水が噴き出している場所もあります。窒素と、メタンなど炭素を含む物質を主成分とする濃い大気に包まれ、その内部では太陽光などをエネルギーにして、より複雑な有機分子が生まれている可能性があるといいます。

一方、２０１１年、ＮＡＳＡは探査機「ガリレオ」による探査の結果、木星の衛星エウロパの分厚い氷殻の下に、巨大な塩水の湖が存在する可能性があることを発表しました。２０１２年にはここから水蒸気のようなものが噴き出す現象が、ハッブル宇宙望遠鏡によって観測されています。２０１６年には同望遠鏡で水蒸気が噴出する様子が捉えられ、その高さは２００㎞もありました。

また、おなじ「ガリレオ衛星」――ガリレオ・ガリレイ（１５６４〜１６４２年）によって発見されたイオ、ガニメデ、エウロパ、カリストの４つの衛星のこと――のガニメデ、カリストにも地下に海があると考えられています。

そこでＮＡＳＡは２０２０年、エウロパに向けて探査機「エウロパ・クリッパー」を打ち上げる予定。また欧州宇宙機関は２０２２年、探査機「ＪＵＩＣＥ《ジュース》」を打ち上げてガニメデ、カリスト、エウロパの探査をすることにしています。

地球外生命発見の第一報は、ガリレオ衛星からもたらされるのでしょうか。あるいは最右翼といわれた火星でしょうか。いずれにせよ、そう遠くない将来に朗報がもたらされる可能性は、けっして小さくはありません。

CHAPTER_1 08/15

天王星と海王星にはダイヤモンドの雨が降る

天王星は太陽を約84年かけて公転する第7惑星。海王星はその外側を約165年もかけて公転する太陽系最遠の惑星です。この2つは木星や土星と同じガス惑星ですが、コアの外側に水やメタンの氷があることから、「天王星型惑星」「氷惑星」に分類されています。探査機からの映像では、天王星も海王星も青く見えますが、これは大気の組成によるもので、メタンが赤い光を吸収するため、青味を帯びて見えるのです。

その天王星と海王星に、ダイヤモンドの雨が降るという仮説が以前から提出されていました。**メタンガス（炭素を含みます）が高圧下でダイヤモンドの固体になり、内部に向かって降り注いでいる**というのです。といっても、地球でいう雨とはちょっとイメージが異なります。天王星型惑星は、コアとその外側の氷の層を除いてガスでできているので、惑星の内部で雨（ダイヤモンド）ができ、それがコアに向かって落ち込んでいくのです。

２０１７年、ＳＬＡＣ《スラック》国立加速研究所（カリフォルニア州・メンローパーク）が、天王星の大気を模した実験をしたところ、小さいながらも実際にダイヤモンドが生成できたそうです。ただ、天王星などで降るダイヤモンドは、数百万カラットというケタ外れに大きいもののようですが。

さて最近、木星や土星にも、ガスの奥深くにダイヤモンドが生成されて眠っているのではないかという説が発表されています。メタンの分子が、中心部に向かっていくあいだに圧力と熱で固体のダイヤモンドに変わるのではないか、できたダイヤモンドは１０００万トンにもなっているのではないか、というのです。それが事実だとすると、採掘して「ジュピター・ダイヤ」などと銘打って売り出せば、かなりの値が付くかもしれません。

ちなみに１９７７年に打ち上げられたボイジャー１号は1年半かかって木星に最接近しました。それだけの時間（地球と惑星の位置関係もあるので、単純に2倍すればダイヤモンドを持ち帰れるわけではありませんが）をかけ、しかも採掘技術を駆使しなければならないので、「ジュピター・ダイヤ」はまさに天文学的値段になりそうです。

太陽系外に目を移すと、２０１２年、アメリカのイェール大学などの研究グループが、地球から約40光年離れた星のまわりに、全体の3分の1以上がダイヤモンドでできている惑星を発見したと発表しています。大きさが地球の2倍といわれるこの惑星は、ダイヤモンドだけで地球3個分になるそうです。

一方、ダイヤモンドではありませんが、日本の国立天文台と東京大学の研究チームは、２０１４年、中性子星どうしの合体で、金やプラチナなどのレアアースが大量に生まれるという研究結果を発表しました。「中性子星」とは、質量が太陽の約10倍以上もある重い星が最期に爆発したあとに残される、いわば「死んだ星」です。そういう星どうしが衝突すると、レアアースが大量に生まれて宇宙空間に拡散されることがわかったというのです。その量、なんと金なら地球約70個分！

また２０１７年には、２つの中性子星が衝突・合体する際に放出された重力波（１４２ページ参照）が捉えられ、直後のさまざまな観測によって、大量の金やプラチナが合成されたと推定されました。地球では貴重な資源も、どうやら宇宙には大量に存在しているようです。

CHAPTER_1 09/15

太陽の内部構造はまだまだ謎だらけ

太陽はぼくたちに光と熱を与えてくれる命の源です。が、その実態についてはまだ解明されていないことばかりだといっていいでしょう。

まず簡単に太陽のプロフィールをおさらいしておきましょう。直径は140万km。地球の約109倍です。主に水素とヘリウムから成り、水素の核融合反応によって燃え続けています。太陽の表面は「光球《こうきゅう》」。光球のまわりには太陽の大気である「彩層《さいそう》」が数千kmあり、さらにその外側に「コロナ」と呼ばれる薄いガスの層が高度数万kmまで広がっています。コロナは普段は見えませんが、日食によって光球が隠されたときに見ることができます。

太陽の表面温度は約6000度。ほかより温度の低い「黒点」があり、「フレア」という爆発現象や、「プロミネンス」と呼ばれる巨大なガスのアーチも生まれます。

ここまではご存じの方も多いでしょう。

さて、太陽最大の謎はコロナです。太陽の中心部の温度は約1500万度で、そのエネルギーは100万年以上かかって光球面まで到達します。表面温度は約6000度まで下がっていますが、そのまわりに広がるコロナの温度は、なぜか100万度と超高温。太陽には磁場があり、太陽表面の磁場が強いところはコロナの熱も高いことから、磁場がコロナに熱を伝えているのではないかと考えられていますが、そのメカニズムは解明されていません。

また、黒点では、磁場の影響を受けて太陽フレアという爆発現象が起きます。太陽

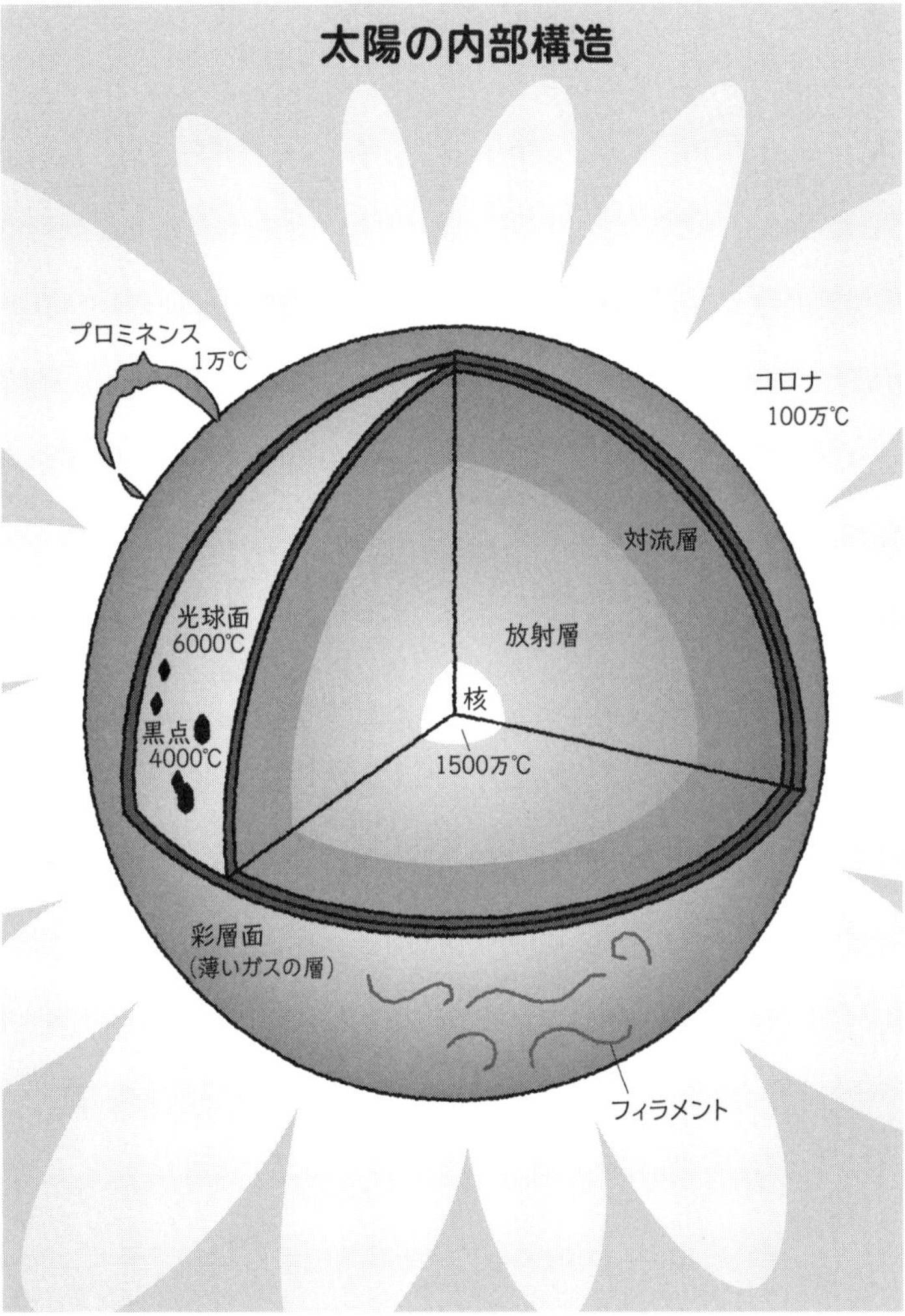
太陽の内部構造
プロミネンス
1万℃
コロナ
100万℃
対流層
光球面
6000℃
放射層
核
黒点
4000℃
1500万℃
彩層面
（薄いガスの層）
フィラメント

フレアが発生するとX線や電気を帯びた大量の粒子が、すさまじい勢いで放出されます。その流れが「太陽風」です。強力な太陽風が地球に届くと「磁気嵐」が起き、大規模な停電が起きたり、電子機器に不具合が出たりします。実際、1989年に巨大なフレアが発生したときにはカナダで9時間にもおよぶ大停電が起きたし、2003年にはスウェーデンでも同じようなことがありました。

そんな太陽風の詳しいメカニズムについては、未解明の部分がたくさんあります。また太陽風は、太陽から地球に向かうあいだに、減速しないどころか加速することがわかっています。その原因も解明されていません。

こうした謎を解き明かそうと、2018年、NASAは太陽探査機「パーカー・ソーラー・プローブ」を打ち上げました。金星の重力を利用して加速し、7年かけて太陽表面から約640万kmの近さにまで接近。コロナのなかを通過しつつ、太陽を観測する予定です。

——と、簡単に説明してしまいましたが、100万度という温度に、探査機は耐えられるのでしょうか。

まず、温度は高いけれども、その数字から想像されるほど熱くはない、ということがあります。100度の風呂に浸かると火傷《やけど》するどころか命も危ういですが、100度のサウナに入ってもしばらくは耐えられるのは、水と空気では熱の伝わりやすさがまったく違うから。太陽コロナの粒子は、地上の空気よりさらにまばらなので、ぼくたちの常識で考える１００万度よりはインパクトは小さいはずです。

とはいえ、ケタ違いの高温なので、普通なら溶けてしまうでしょう。そこでパーカー・ソーラー・プローブは、まず熱に強い炭素繊維などでできた厚さ11・４３㎝のシールドで探査機を保護し、内部で水を循環させて機体を冷やす機能を備えています。

これでどこまで太陽に迫れるか、謎が解明できるか――。２０２４年から２０２５年に予定されている太陽への最接近が待たれます。

CHAPTER_1 10/15

生命の起源は彗星だった⁉

ときおり大接近が話題になる彗星。１９１０年にハレー彗星の尾が地球をかすめることがわかったときには、毒ガスで生物が死に絶えるかもしれないと、ちょっとしたパニックが起きていたようです。それはともかく、**彗星の故郷と考えられているのが「エッジワース・カイパーベルト」と「オールトの雲」**です。

太陽から遠く離れた場所では、氷や塵《ちり》が集まって微小な天体になっています。大きく成長すれば、天王星や海王星のように惑星になれたかもしれませんが、まとまりきれなかった材料が海王星の少し外側を浮遊しています。このエリアが「エッジワース・カイパーベルト」で、かつて惑星に分類されていた冥王星も、現在は「エッジワース・カイパーベルト天体」のひとつとされています。エッジワース・カイパーベルトのさらに外側で、大型の惑星たちにはじき飛ばされた微小天体群は「オールトの雲」を形成していると考えられます。

そして、エッジワース・カイパーベルトから飛来するのが周期200年以下の短周期彗星、オールトの雲に由来するのが長周期彗星です。ハレー彗星は約76年周期で、一生に一度か二度しか見ることができません。それなのに「短周期」というのは、宇宙のスケールと人間のスケールがいかに違うか、実感させられます。

さて、このあとで説明する「小惑星」と同様に太陽系の昔の姿をとどめていると考えられている彗星ですが、その実態を解き明かそうと探査機が飛び立ちました。2004年に欧州宇宙機関が「チュリュモフ・ゲラシメンコ彗星」(周期6・6年)に向けて打ち上げた「ロゼッタ」です。ロゼッタは10年かけて周回軌道に到達し、着陸機「フィラエ」が2014年に初めて彗星表面に降り立ちました。

この調査で、彗星の塵に16種類の有機化合物が含まれることがわかり、またアミノ酸の一種であるグリシンが見つかりました。さらにDNAや細胞膜の重要な構成要素であるリンも検出され、水や酸素も存在することがわかっています。

長いあいだ、生命は地球上で生まれたと考えられてきました。深海底の熱水噴出口の近くで原始的生物が生まれたというのがほぼ定説になっています。地上の温泉が起源だ、という説もありますが、いずれにせよ、生命は地球の内部で生まれたことには変わりありません。

これに対して、最初の生命は宇宙からやってきたという説が、18世紀から唱えられていました。最初に主張したのはイタリアの博物学者ラザロ・スパランツァーニ（１７２９〜１７９９年）で、１７８７年のこと。１９０３年には、スウェーデンの物理化学者スヴァンテ・アレニウス（１８５９〜１９２７年）が、**「生命は胞子のかたちで惑星からもたらされた」とし、「パンスペルミア説」と名付けました。**「パン」は「あまねく、そこらじゅうに」という意味、「スペルミア」は「胞子」とか「種」という意味です。

いかにも「トンデモ本」が取り上げそうな説で、長いあいだ注目されてはいなかったのですが、探査機フィラエがもたらした大発見で形勢が一気に逆転しそうな気配です。

また、パンスペルミア説を検証するために、２０１５年から日本もある調査を実施しています。ＪＡＸＡと東京薬科大学などが進めている「たんぽぽ計画」です。これは、宇宙空間に生命の種が飛んでいるのではないか、という仮説を検証するもので、

ＩＳＳ－ＪＥＭ（国際宇宙ステーション日本実験棟）の船外に、「エアロゲル」と呼ばれるやわらかいゼリーのような捕集材をつけたパネルを出して、微生物などを捕らえようというのです。

パネルは年に1回、計3回地球に回収され、現在、慎重に分析が進められているところです。果たして宇宙に「たんぽぽの種」が飛んでいるのか、分析結果が待たれます。

「はやぶさ」の成果と「はやぶさ2」への期待

地球から約20億㎞もの旅をして、長さがたった５００ｍしかない小惑星「イトカワ」にたどり着いた「はやぶさ」。２００３年の打ち上げから２０１０年の帰還までの7年間の軌跡は映画にもなり、一大ブームを巻き起こしました。ところが、その科学的成果については、関心が寄せられることが少なかったのではないでしょうか。

小惑星からサンプルを採取してくるという「はやぶさ」プロジェクトは、太陽系の歴史や生命誕生の謎を解き明かすカギになると期待されていました。火星と木星のあいだにある小惑星帯は、すでに説明したように、原始木星の影響で惑星をつくる材料が足りなくなったエリアです。惑星は、その材料がどろどろに溶け合ってできます。つまり元の姿をそのままとどめているわけではありません。しかし、惑星になれなかった小惑星は、太陽系の昔の姿を残していると考えられているのです。

持ち帰ったサンプルの細かい分析はまだ始まったばかりですが、すでにいくつかのことが明らかになっています。

・地球に落下する隕石《いんせき》の起源は、予想どおり小惑星らしいことがわかった
・イトカワは、太陽系ができはじめたときには10倍以上の大きさがあった
・それが他の天体と衝突して粉々になり、また互いの引力で引き合って現在の姿になった

さらに、イトカワは宇宙線によって１００万年に数十㎝ほどのペースで浸食されており、数億年後にはなくなってしまうだろうと考えられています。現在、複数の研究機関が競うように分析を進めている最中で、今後どのようなことが明らかになっていくのか、ワクワクが止まりません。

２０１８年６月、探査機「はやぶさ」の後継機である「はやぶさ２」が、次のターゲットである小惑星「リュウグウ」に到達しました。リュウグウは、太陽系が生まれ

たころの水や有機物（炭素を含む化合物）が残っている可能性があるC型小惑星であることから、探査の対象に選ばれたものです（「C」は、炭素のC）。地球最初の生命は、リュウグウのようなタイプの小惑星が地球に衝突したことでもたらされたという仮説があり、それを検証しようというのが主要な目標のひとつなのです。

月をはじめ火星、木星など惑星探査ではアメリカの後塵《こうじん》を拝していますが、小惑星探査では日本が一歩リード。イトカワやリュウグウが宇宙の謎の一端を解き明かしてくれることを期待しましょう。

CHAPTER_1 12/15

星の数より多い浮遊惑星

惑星は恒星のまわりを回るもの。そんなの、ジョーシキですよね。ところが、みなさんの常識が通用しなくなっています。**主星（太陽系なら太陽）をもたず、銀河系内をふらふらと漂う「浮遊惑星」がいくつも見つかっている**のです。

恒星のまわりを回っていた惑星が、なんらかのきっかけで放り出されることは、それほど珍しいことではありません。近くを大きな天体が通って、その重力に引かれて飛び出す場合や、原始木星がグランド・タックを起こしたように、大きなガス惑星の卵が移動することで、そこにできかけていた惑星がはじき出される場合などが考えられます。こうした惑星には主《あるじ》がいないため、「のらネコ」ならぬ「のら惑星」といってもいいでしょう。

その存在は理論的に予測されていましたが、自ら発光しないので、見つけるのはきわめて困難だと思われていました、しかし2011年、名古屋大学など日本、ニュージーランド、アメリカ、ポーランドの共同チーム・MOAグループが、ニュージーランドのマウントジョン天文台からの観測で、「重力レンズ」という現象を応用して発見したのです。

重力レンズについては第3章で詳しく紹介しますが、恒星やブラックホールが、別の恒星などの前を横切り、観測者から見て一直線に並ぶとき、手前の天体の重力が集光レンズのようなはたらきをして、影になっているはずの背景の天体が観測者から見え、しかも普段より明るく輝く現象です。

手前の恒星が惑星をもっているときは、背景の天体は不規則に明るくなることがあるので、その変化を検出すれば系外惑星が発見できます。また、手前に恒星をともなわない浮遊惑星があるときには、背景の天体が1～2日という短期間だけ明るく見えるのです（次ページ参照）。

重力レンズ効果を使った浮遊惑星の見つけ方

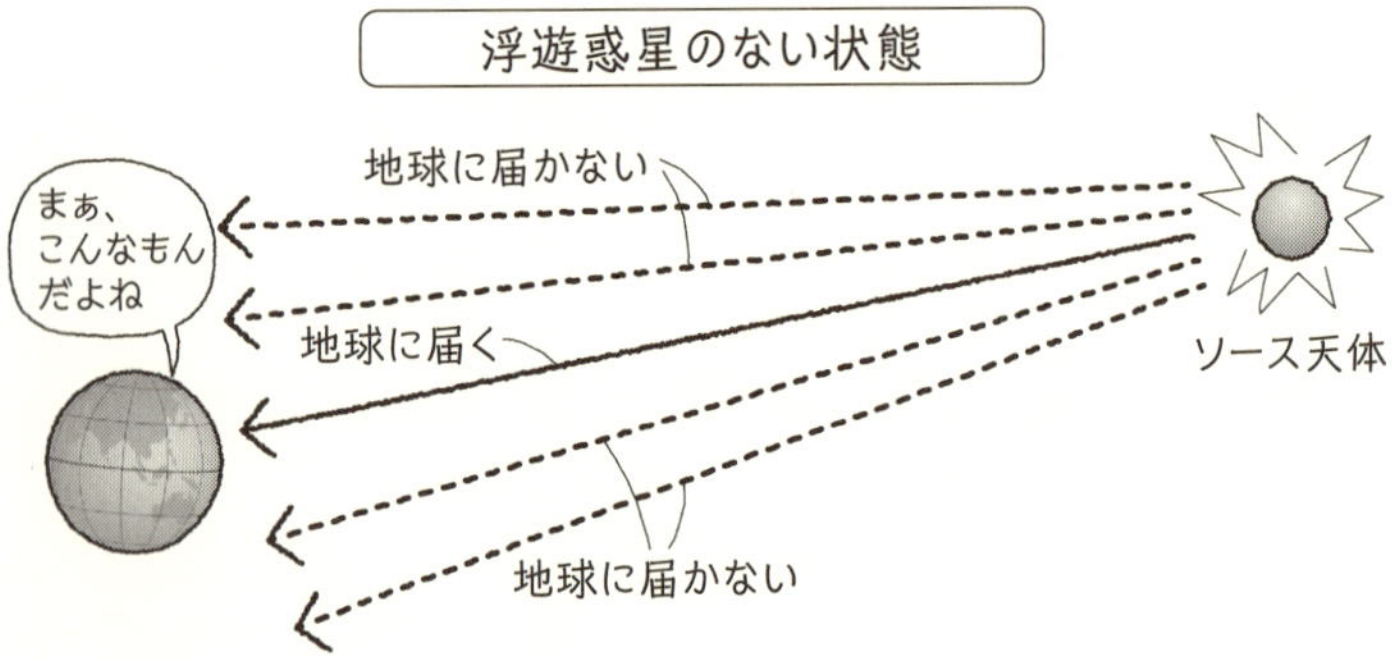

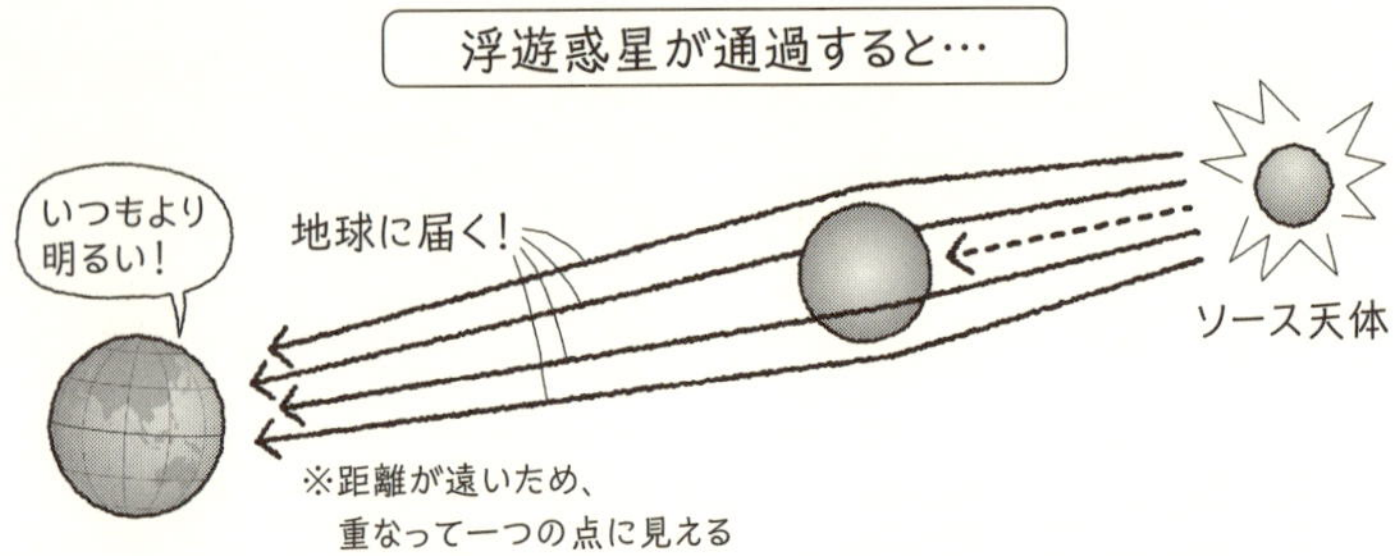

ＭＯＡグループは、５０００万個の星を毎晩、10〜50回観測することで、まず10個の浮遊惑星と思われる天体を発見しました。その頻度から推測すると、銀河系のなかに数千億個。銀河系のすべての恒星の2倍か、もっと多くの浮遊惑星があると考えられるのです。

CHAPTER_1 13/15

星探しに欠かせないＡＩ

重力レンズ効果を応用して系外惑星などを発見するのは、21世紀に入ってから本格化した比較的新しい手法です。新しいものついでに、ＡＩ（人工知能）の応用例も紹介しておきましょう。

系外惑星を見つける方法は、重力レンズ効果を利用したもののほかに、従来から使われているドップラー法、トランジット法などがあります。すでに説明したように、惑星をもつ恒星は軌道がゆらゆらと揺れています。ドップラー法は、その揺れ具合を光の波長の変化で捉えるものです。また、惑星が恒星を横切るときに起こる、明るさの微妙な変化で惑星の存在を明らかにするのがトランジット法です。

NASAの宇宙望遠鏡「ケプラー」は、2009年から9年間にわたって約15万個もの恒星を観測し、トランジット法で未知の系外惑星を探してきました。光の量が変化したデータは約3万5000件。この膨大なデータのなかから系外惑星による変化を選び出すのは、とてもたいへんです。そこでNASAはGoogleの人工知能プロジェクトと協力し、AIの力で広い運動場から小さな宝石を見つけ出すような作業に着手しました。

すでに系外惑星による変化だということがわかっているデータを1万5000件用意し、ニューラルネットワークに系外惑星による光の変化を学習させたところ、96%の確率で系外惑星が判別できたのです。こうして2017年、NASAはAIの力で2つの系外惑星の発見に成功しました。もちろん、初めての例です。

宇宙の謎を解き明かすためにAIを使っているのは何もNASAだけではありません。というより、いまやAIなしでビッグデータの解析などできないといってもいいでしょう。日本が主導している大型プロジェクト「すばるHSCサーベイ」もそのひとつ。HSCはレンズの口径が82㎝、総重量が3トンもある巨大かつ世界最高性能のデジカメで、満月9個分の天域を一度に撮影できます。

現在は5年かけて空の広い領域の画像を取得しているところで、そのデータ量は最終的には1ペタバイト級。1ペタバイトは10億メガバイト、DVD-ROM20万枚分ですから、想像を絶するデータ量ですね。

すばるHSCで得られたデータからは、宇宙がどれくらいのスピードで膨張しているかとか、ダークマターの分布はどうなっているかなど、さまざまなことが分析できます。ただ、こんなに特大サイズのデータをそのまま扱うのは現実的ではないので、適切なサイズに縮小してやらなければなりません。我々東京大学の研究チームは、精度の高い統計解析が効率的にできる手法の開発を担当しています。

また、超新星の探索も行っています。超新星は大質量の星が一生を終えるときに起こす大爆発のこと（新しい星が生まれるわけではありません）。爆発したら非常に明るくなり、やがて暗くなっていきます。つまり、明るさが変わるのですが、夜空には明るさが変化する星など珍しくありません。遠くの星まで見えてしまう、つまり星や銀河が従来とは比較にならないほどたくさん見えるすばるHSCでは、こうした変光星《へんこうせい》もごまんと見つかります。そのなかから、効率よく超新星をより分けていかなければなりません。

そこで我々のチームでは、すばるHSCの観測画像から候補天体を専門家に判定してもらい、訓練用データとしてAIに学習させました。細かい内容は違いますが、おおざっぱなプロセスはNASAが系外惑星を見つけたときと同じです。

そして六分儀座《ろくぶんぎざ》のある領域を52回（2016年11月～2017年4月）、繰り返し観測した結果、光の強さが変わっている天体を7万個以上、超新星候補を2000個も発見したのです。これは、一晩に50個以上のハイペース。とくに地球から70億光年以上離れた遠くの超新星を100個以上も検出しており、これは他のプロジェクトの実績をはるかに上回るものです。

それにしても、限られた天域を観察するだけでこれだけ見つかったのですから、宇宙全体ではどれくらいダイナミックな栄枯盛衰が起きているのでしょうか。宇宙はぼくたちが想像している以上に賑《にぎ》やかなようです。

宇宙はラズベリーの香り？

宇宙はどんな香りだと思いますか？ 宇宙遊泳を終えてISS（国際宇宙ステーション）に戻った宇宙飛行士のなかには「宇宙には独特の甘い香りがある」と言う人もいます。もちろん、宇宙遊泳中は宇宙服を着ているので、外の香りを嗅ぐことはできませんが、宇宙ステーションに戻ってきたとき、宇宙服やヘルメットから独特な甘い香りが立ちのぼるというのです。

宇宙飛行士のドン・ペティットさんは、NASAのブログにこう記しています。「宇宙の匂いを表現するのは難しいな。なんと言ったらいいか、心地よい甘い金属的な匂い。ぼくが学生時代、重機の修理のためにアーク溶接していた夏を思い出した。ぼくにとっては魅力的な甘い匂い。それが宇宙の匂いなんだ」

NASAの科学者は、その匂いについて、金属的な香りはイオンの高エネルギー振動によるものである可能性があり、甘い香りは、天の川銀河のなかで見つかったギ酸エチルによるものではないかといいます。ギ酸エチルは、ラズベリーやパイナップル、ブランデーなどにも含まれる甘い果実の香りで、香料としても利用されています。宇宙の甘いラズベリーの香り。感じてみたいものですね。

ちなみに、宇宙の香りを紹介してくれたドン・ペティット宇宙飛行士は、宇宙でヨーヨーをしたらどうなるかという実験をして、「Science off the Sphere: Yo-Yos in Space（球体の科学：宇宙でのヨーヨー）」という動画をアップするなど、宇宙での様子をいろいろなかたちで紹介しています。宇宙でヨーヨーをすると、動きがゆっくりになり、高度な技も難なくこなせるようになるようです。

一方、宇宙は何色かご存じでしょうか？　あるアメリカの天文学者が、「宇宙は何色か」という計算をしました。そして、「ベージュ色」という結果を得ました。宇宙にあるたくさんの銀河の色を合わせると、ベージュ色になるのだそうです。

ちなみに、いまから60億年前、つまり宇宙年齢78億歳のころは若い星がたくさんあったために薄い青緑色だったとのこと。宇宙全体が、若いときは青緑色で、年齢を重ねて138億歳になるとベージュ色というのは、なんとなく納得できる気がします。宇宙がもっと若かったときはどんな色だったのかも気になるところです。

また、NASAは宇宙空間の音も公開しています。宇宙空間には空気がないので、音が響いているわけではないのですが、天体はさまざまな電磁波を発しています。それを音に変換しているのです。

NASAのWEBサイトでは、太陽や木星など数種類の音が公開されているので、聴けば宇宙空間に浮遊している気分を味わえるかもしれません。

CHAPTER_1 15/15

天の川銀河とアンドロメダ銀河は確実に衝突する

ぼくたちがすむ天の川銀河。そこから230万光年離れたところに、兄弟のようなアンドロメダ銀河があります。「M31」とも呼ばれるその銀河は、地球から見える銀河としては最大のもの。秋の夜空には、満月を横に5つ並べたほどの大きさに見えることもあります。

ちなみにM31の「M」は「メシエ天体」の略。銀河や星雲に番号を振ったフランスの天文学者シャルル・メシエ（1730～1817年）がつくったカタログに由来します。ウルトラマンは300万光年先のM78星雲から来たという設定でしたが、実際のM78星雲は1600光年先と、比較的近いところにあります。

その**アンドロメダ銀河と天の川銀河が互いに近づいている**ことは以前から知られていましたが、2012年になって、NASAのハッブル宇宙望遠鏡を用いた正確な測定により、**接近速度が時速40万kmにもなる**ことがわかりました。時速40万kmというと、地球から月まで1時間足らずで行けるスピードです。

2つの銀河は、40億年後に衝突するとされ、NASAや欧州宇宙機関、日本の国立天文台などが研究を重ねており、衝突のシミュレーション画像も製作されています。ちなみに、銀河どうしの衝突は、過去にもいくつも起きていて、ハッブル宇宙望遠鏡による画像（http://hubblesite.org/）などで、そのさまざまな姿を見ることができます。

銀河と銀河がぶつかると、どうなるのでしょうか。銀河のなかの星どうしも激しくクラッシュして、地球も巻き込まれてしまいそうです。でも実際は、星々は銀河に比べてサイズがとても小さく、星どうしの距離も非常に離れているので、衝突する可能性はほとんどありません。

天の川銀河とアンドロメダ銀河が衝突することは間違いなさそうです。
そのイメージイラストがNASAから公表されています。
右が天の川銀河、左がアンドロメダ銀河です。
NASA; ESA; Z. Levay and R. van der Marel, STScI; T. Hallas; and A. Mellinger

２つの銀河は、衝突し、すれ違い、また重力で引き合って、70億年後には合体して巨大な楕円《だえん》銀河になると考えられています。星どうしが衝突することはなさそうですが、両方の銀河のなかの星間ガスや、それがまとまった星間雲どうしは激しい衝突で圧縮され、そこから新しい星が生まれるでしょう。

また、現在ぼくたちのすむ太陽系は、天の川銀河の端っこに近い位置にあって、銀河系中心のまわりを秒速約２４０㎞ものスピードで公転しています。が、アンドロメダ銀河と衝突すると、太陽系はさらに銀河系の中心から離れるのではないかと考えられています。最初の衝突の直後には、アンドロメダ銀河の一員になってしまう可能性もあるのです。

いずれにしても、アンドロメダ銀河と衝突する40億年後は、太陽自体がかなり膨張しているころの話。衝突を目撃できる生物はいないでしょう。

あまりに先の話なので、いまひとつピンとこない天の川銀河とアンドロメダ銀河の衝突ですが、近い将来に予想されている案件もあります。２０１８年春、ＮＡＳＡは２１３５年9月に「ベンヌ」という小惑星が地球に衝突する可能性について報告。対策が必要だと発表しました。

ベンヌの直径は５００ｍとイトカワ並み。約2年の周期で太陽のまわりを周回し、

6年ごとに地球に接近しています。それが約120年後には地球と月のあいだをすり抜ける軌道を描くと予想され、地球の引力に捕えられると、衝突する可能性があるというのです。

6600万年前、恐竜を絶滅に追いやったとされる小惑星は、直径10㎞ほどだったと考えられているので、それと比べたら「なんだ、しょぼいな」と思われるかもしれません。が、ベンヌが地球を直撃した場合、その衝撃は30億トンの爆薬（広島型原爆200個分）に相当するといわれています。小さな国なら跡形もなくなってしまうでしょう。

NASAの発表とは微妙に内容が違いますが、アリゾナ大学（アメリカ）のダンテ・ローレッタ教授は、「2175～2196年のあいだにベンヌと地球が衝突する確率は2700回に1度」と試算しています。けっこう大きな数字ですね。

以前から地球に近づくことはわかっていたので、NASAは2016年に小惑星探査機「オサイレス・レックス」を打ち上げ、ベンヌの岩石を採取して戻るミッションをスタートさせました。2018年12月にベンヌに到着し、計画が順調に進めば、かけらを採取して2023年地球に戻る予定です。もっとも、それで軌道が変わるわけではありませんが――。

さて、ここまでは太陽系を中心とした宇宙の最新トピックスを紹介してきました。ランダムに紹介してきたように思われるかもしれませんが、これらのエピソードには、じつは隠しテーマがあったのです。なんだかわかりますか？

いまここで答えは明かしませんが、ヒントをあげましょう。

「宇宙を司るパワー」

答えを考えながら、第2章をお楽しみください。

［第2章］

最新・宇宙創世記

宇宙は「重力」の賜《たまもの》

「エジプトはナイルの賜」——これはギリシャの歴史家ヘロドトス（紀元前5世紀）の言葉です。「ナイル川が運ぶ肥沃な土のおかげで、エジプトの壮大な文明・国家が築かれた」（デジタル大辞泉）という意味で、夜空に輝く最も明るい星（シリウス）の観測から1年を365日にしたのも、4年に一度、閏年《うるうどし》を設けたのも古代エジプト。ナイル川のおかげで暦学《れきがく》——天体の観測から暦《こよみ》がつくられていたので、昔は天文学のことをこう呼んでいました——が飛躍的に進歩したともいえるわけです。

ただ、古代エジプトでは、ヌトという女神が大地に覆い被さっており、その身体に星が輝いていると考えられていました。また、古代インドでは、半球形の大地を4頭の象が支えており、さらにその象は巨大な亀が支え、これら全体を蛇または竜が取り巻いていると考えていました。

もちろん、こうした宇宙（地球）観はきわめて宗教的なもので、エジプトやインドの人々がみんな「星はヌトの身体で輝いているんだぜ」とか、「大地を支えるなんて、象はやっぱり力持ちだな」などと本気で思っていたわけではないでしょう。古代の人にとって、空と大地は、それほどわけのわからない存在だったということなのかもしれません。

長く宗教的、哲学的に捉えられていた宇宙が、科学的に分析されはじめたのは紀元前５世紀～紀元前４世紀のこと。

たとえばギリシャの哲学者アリストテレス（紀元前３８４～紀元前３２２年）は、地方によって見えない星があることや、月食時の地球の影が円いことから、地球は球体（もちろん「地球」という日本語は、球体であることが判明したあとでできたもの。古代英語、ラテン語、ギリシャ語では「大地」を意味する言葉であるアースearth、テラterra、ガイアgaiaが使われていました）をしていると主張。古代ヘレニズム時代の学問の殿堂・ムセイオンの館長であったエラトステネス（ギリシャ人。紀元前２７５～紀元前１９４年）は、エジプトのアレクサンドリアとシエネで夏至の日につくる影の違いから、両地点の距離は地球の50分の１であることを算出しました。

ところが、みなさんご存じのようにこの時代の宇宙観は、地球を中心として、そのまわりを太陽や星が回っているという天動説でした。ポーランドのカトリック司祭ニコラウス・コペルニクス（１４７３～１５４３年）や、イタリアの物理学者、天文学者であるガリレオ・ガリレイ、ドイツの天文学者ヨハネス・ケプラー（１５７１～

1630年）らの登場によって地動説が確立するまで、2000年近くの歳月を要したのです。文明の歴史が5000年として、その90％以上の期間は、宇宙はほとんど謎のままだったといえるかもしれません。

ちなみに「それでも地球は動いている」で有名なガリレオ・ガリレイは、いまの学校教科書では「ガリレイ」と表記されています。子どもに「ガリレオってさあ……」などと話すと、「お父さん、古いよ」と言われてしまうので気をつけて。

さて、それから現在に至るまでの400年あまりで、宇宙に関する理解は急速に進みました。とくにインパクトが大きかったのはアイザック・ニュートン（1643〜1727年）による万有引力の〝発見〟と、現代物理学の父と呼ばれるアルベルト・アインシュタイン（1879〜1955年）の光量子《こうりょうし》仮説や相対性理論、そしてニールス・ボーア（1885〜1962年）らの量子論でしょう。相対性理論や量子論はひとまず置いておいて、ここではニュートンの業績を見ていきます。

ニュートンは「りんごが木から落ちるのを見て万有引力を発見した」といわれていますが、この〝常識〟は誤解を招きかねません。物質に対して、下に引き寄せるような力を及ぼす何かがあるということは、アリストテレス以前からわかっていました。誰だってモノを落とした経験はあるので、当たり前ですね。ニュートンが〝発見〟したのは、「りんごが地面に落ちたのと同じような力が、月や他の惑星にも働いている」

ということを、数学的にきちんと証明してみせたということなのです。

それを数式で書くのは野暮《やぼ》なので、文章で説明すると以下のようになります。


ふたつの物質のあいだには、質量に比例し、物質間の距離の２乗に反比例する力が働く。


簡単にいえば、物質がふたつ以上あればそのあいだに引力（重力）が働く。そしてその力の強さは、物質の質量や物質間の距離に左右される、ということです。

ここでいう「物質」は、太陽や地球のように大きなものである必要はありません。たとえば、あなたの机の上にペンと書類があるとしましょう。その二者のあいだにもちゃんと引力が働いています。ただ、ペンなどと比べて地球の重力が大きすぎるので、まったく感じられないだけなのです。

というわけで、太陽のまわりを惑星が回っているのも、月が地球のまわりを回っているのも引力（重力）のせい。ぼくたちの天の川銀河がレンズのようなかたちを保っているのも、同じ理由です。つまり、**宇宙は重力のおかげで成り立っている**といってもいいでしょう。

重力がなかったら何も生まれなかった

「そんな話、とっくに知っているよ」という人のために、あとの章で詳しく触れることを少し明かしておきましょう。

ぼくは宇宙の始まりのころに生まれた天体はどんなものだったか、星々や銀河、ブラックホールはどのようにして進化したのかを、コンピュータで計算してみました。ビッグバンから1億〜3億年後の初期宇宙の光や温度、そしてすでに存在していたことがわかっている物質（水素とヘリウム）の分布をもとに、星々が誕生する様子を再現してみたのです。

しかし、何度トライしてみてもうまくいきません。水素やヘリウムの濃度が濃かったところも、宇宙の膨張によって文字どおり霧散してしまい、輝く星どころか何もできませんでした。

じつは、初期宇宙にはもうひとつ物質があったことがわかっています。「ダークマター」です。ダークマターの正体は何もわかっていませんが、初期宇宙の60％を占めていたと考えられ、他の物質には何も影響を与えず、ただ重力として働きます。これを加えてシミュレーションしなおしたところ、うまくいったのです。

ダークマターは、ダークマターどうしや、まわりの物質を引き寄せる働きをします。ダークマターが集まると、そこに水素やヘリウムのガスが集まってきます。ガスは次第に凝集して、さらに濃いガスの塊になり、密度が高まることで、中心部で核融合反応が起きます。中心部で核融合反応が起きると、ガスは輝きはじめます。「一番星」の誕生です。それまで暗かった宇宙に、光がともったのです。

つまり、**重力がなければ、太陽系や銀河系どころか、たったひとつの星も生まれなかった**ということです。

あとで説明しますが、人間を含む生命も、その材料は星に由来しています。一番星（第1世代の星）ができ、そのなかで合成されたより重い元素をもつ第2世代、第3世代の星ができ、その元素が超新星爆発で周囲にばらまかれてはじめて、きわめて複雑な分子構造をもつ生命が生まれる可能性が膨らみます。その壮大な連鎖の最初の一歩が始まらなければ、宇宙の物語はそこで終わり。まさに「宇宙は重力の賜」なのです。

ところが、その「重力」については、多くの謎が残っています。重力の正体は重《じゅう》力子《りょくし》（グラビトン）という重さのない素粒子で、何物にも邪魔されず光速で伝わって、じつは強さはたいしたことはない――と考えられていますが、まだ理論的に「存在するのではないか」といわれているだけで、誰も見たことがないのです。

これだけ重要な役割を果たしながら、重力が伝わる仕組みもはっきりとはわかっていないとはびっくりですね。

CHAPTER_2 03/14

「重力」は自然界で最弱の力

「えっ、重力の正体って粒子だったの？」と驚かれる方もいらっしゃるかもしれません。なんだかイメージが湧きませんよね。ここで、自然界に存在する力について紹介しておきましょう。

身のまわりのモノを見回してみてください。仕事のデスクならペンやパソコン、書類、電話機、お茶の入ったペットボトルなどが載っていると思います。自宅ならテレビやエアコンなどの家電類が多いでしょうか。すでに紹介したとおり、そのすべてと地球とのあいだには重力（引力）が働いています。あなたと地球とのあいだにも重力が働いており、それは体重として認識できます。

自分の体重を考えると、重力って強いんだな、と思ってしまいそうですが、自然界

に存在する「4つの力」のうちでいちばん弱いと考えられています。ですから、物質が2つあればそのあいだに働いているはずの引力は、みじんも体感できないのです。

また、あまり意識されないことですが、重力は物質——たとえばあなたの身体をも通り抜けてしまいます。普通の光はあなたの身体を通り抜けることはありませんね。光源とあなたの身体が並んでいたら、あなたの身体のうしろ側には光が届かず、影をつくります。ところが、重力はそうではありません。あなたの上にモノが載っていても、あなたの下にモノが敷かれていても、やはりあなたが重力を感じるのは、重力があなたの身体によってさえぎられないからです。

それだけでなく、重力は無限に遠いところまで及ぶので、あとで説明する「宇宙の大規模構造」にも影響を与えています。

２０１８年7月、39億光年先のブラックホールが起源といわれるニュートリノ（１９４ページ参照）が観測されましたが、このニュートリノも、そのほとんどが人体を含む物質を通り抜けてしまう性質をもっています。

天井にとまったハエが落ちないのは電磁気力のおかげ

さて、自然界には4つの力が存在するといいました。重力と並んで、私たちに身近な存在といえるのは電磁気力です。電気の力と磁気の力は、形を変えた同じもの。光（電磁波）も電磁気力の働きのひとつです。日常生活のなかで普通に観測できる現象で、重力に関するもの以外すべてが電磁気力だといっていいでしょう。この力は光子《こうし》（フォトン）という粒子のやりとりで説明されます。

家電製品は電気の力で動いて（冷やしたり温めたりもします）いるし、電話で話ができるのも電磁気力の働き。まあ、わかりますよね。では、頭を叩かれると痛いのも、ハエが天井から落ちないのも、電磁気力の仕業《しわざ》だと聞けばどう思われるでしょうか。にわかには信じられないでしょう。念のためにいっておきますが、頭を叩かれると目から火花が出る、という話とは一切関係ありません。

これを理解するためには、分子や原子の構造を知る必要があります。原子の姿を詳しく見ると、原子核のまわりを電子が回っています（本当は「回っている」という表現は正しくないのですが、ここでは便宜的にそういうことにしておきましょう）。**電子はマイナスの電荷を帯びているので、近づけば反発し合います。頭を叩かれて痛いと感じるのは、その反発する力を感じているから。**バットでボールを打てばボールが飛んでいくのも同じ理由です。

また、**天井にとまっているハエが落ちてこないのは、ファンデルワールス力という電磁気力のおかげ**です。分子は電気的に中性ですが、細かく見るとマイナスの部分とプラスの部分があります。このとき、正に帯電しているところは負に帯電している部分と引き合い、負に帯電しているところは正に帯電しているところと引き合います。通常、指と指をくっつける程度なら、指には微細な隙間があるので強く引き合うことはありません。が、セロハンテープのように分子間の隙間を埋めるものを使えば密着します。このときの引き合う力がファンデルワールス力です。

ハエは手足に細かい毛が生えており、セロハンテープと同じような状態をつくりだしているのです。つまり静電気の力、電磁気力でさかさまにくっついているわけです。

もう少し寄り道を続けましょう。最も単純な構造をしている水素原子の姿を詳しく見ると、原子核のまわりを１つの電子が回っています。その水素原子のサイズは1000万分の１㎜。中心の原子核はその10万分の１ほどの大きさです。

これではまったくピンとこないと思うので、**原子核を直径1㎝の球とすると、そこから1㎞も離れたところを電子が回っている**ことになります。つまり、原子の実体はスカスカで、「実」よりも「空間」のほうがずっと多いのです。

いま、あなたはイスに座ろうとしています。このとき何が起こるでしょうか。お尻がイスに着いた瞬間、あなたは「イスに座っている感じ」を覚えるでしょう。でも、あなたはけっしてイスとぴったりくっついてはいません。先ほど「頭を叩いた話」で説明したように、電子と電子の反発力を感じているだけなのです。

電子は原子核からはるか遠くにあります。そして、原子核に落ち込んでしまうことは、通常はありません。つまり超ミクロの目で見ると、あなたとイスは密着しているように見えて、じつは電子や原子核からすればかなり大きな隙間があるのです。いってみれば、あなたは宙に浮いているようなものです。

CHAPTER_2 05/14

原子核の内部で働く「強い力」と「弱い力」

「4つの力」のうち、体感できる2つの力について説明してきました。あとの2つは

分子より小さな世界

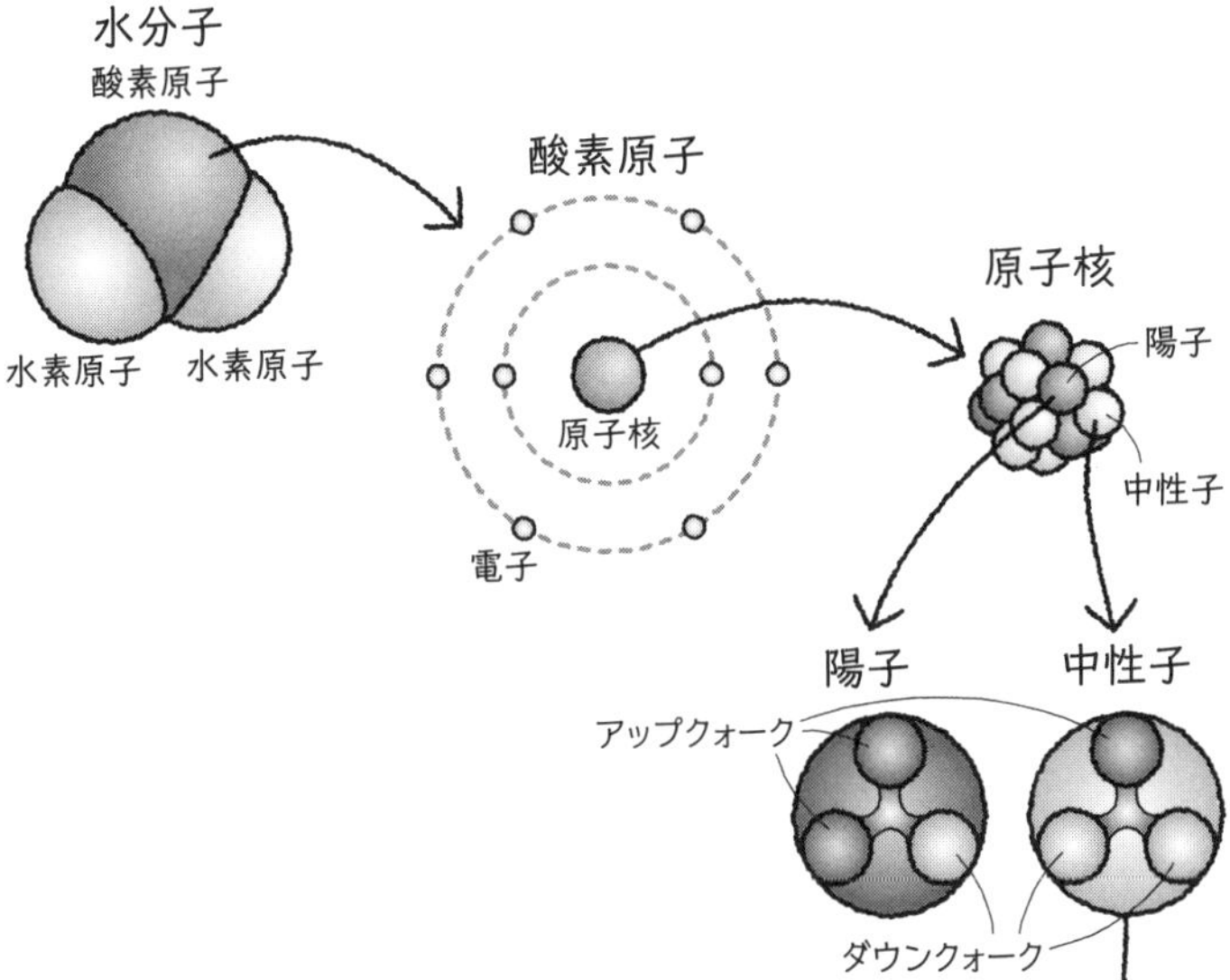

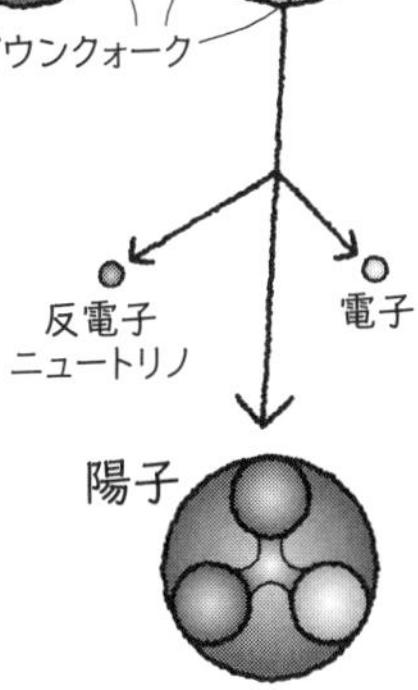

		素粒子	
	第1世代	第2世代	第3世代
レプトン	電子ニュートリノ	ミューニュートリノ	タウニュートリノ
	電子	ミューオン	タウ
クォーク	アップ	チャーム	トップ
	ダウン	ストレンジ	ボトム

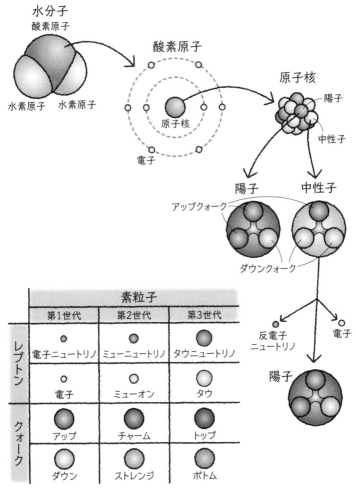

目にも見えないし体感もできない世界の話です。何せ、1000万分の1㎜の、さらに10万分の1という原子核の内部でしか働けない力なので、私たちが感じられるわけがありません。

そんな力を、「強い力」「弱い力」といいます。けっしてふざけているわけではなく、物理学会でそう呼ばれているので、仕方がありません。衣服をL（large＝大きい）、S（small＝小さい）で表しているようなものです。

あまり深入りすることは避けますが、できるだけ簡単に紹介しておきましょう。

まず、原子核をさらに細かく見ると、陽子と中性子に分けられます。さらにそれぞれは、2種類のクォークでできています。

この中性子がバラバラになり、陽子と電子、反電子ニュートリノに変わってしまうことがあります。ベータ線（電子）を放出しながら崩れていくので、これを「ベータ崩壊」と呼んでいるのですが、そこに働く力が「弱い力」です（75ページ参照）。

また、陽子や中性子のクォークどうしを結びつけ、放っておけば反発してしまう複数の陽子がバラバラにならないようにして原子を形づくっている力が「強い力」です。その強さは電磁気力の100倍以上。といってもピンとこないかもしれませんが、原子力発電所や原子爆弾、太陽エネルギーのもとがこの「強い力」だといえば納得していただけると思います（次ページ参照）。

ちなみに、宇宙誕生直後のまだアツアツの状態だったときには、この4つの力は渾《こん》

4つの力

力の種類	強い力	電磁気力	弱い力	重力
力の伝達粒子	グルーオン	光子	Wボソン Zボソン	重力子
力の大きさの目安	10^{40}	10^{38}	10^{35}	1
関係する領域・現象	原子核 ハドロン 核融合 太陽エネルギー	分子・原子 エレクトロニクス 放射光 オーロラ	中性子崩壊 原子核崩壊 ニュートリノ 地熱	万有引力 銀河系 ブラックホール 渦巻星雲

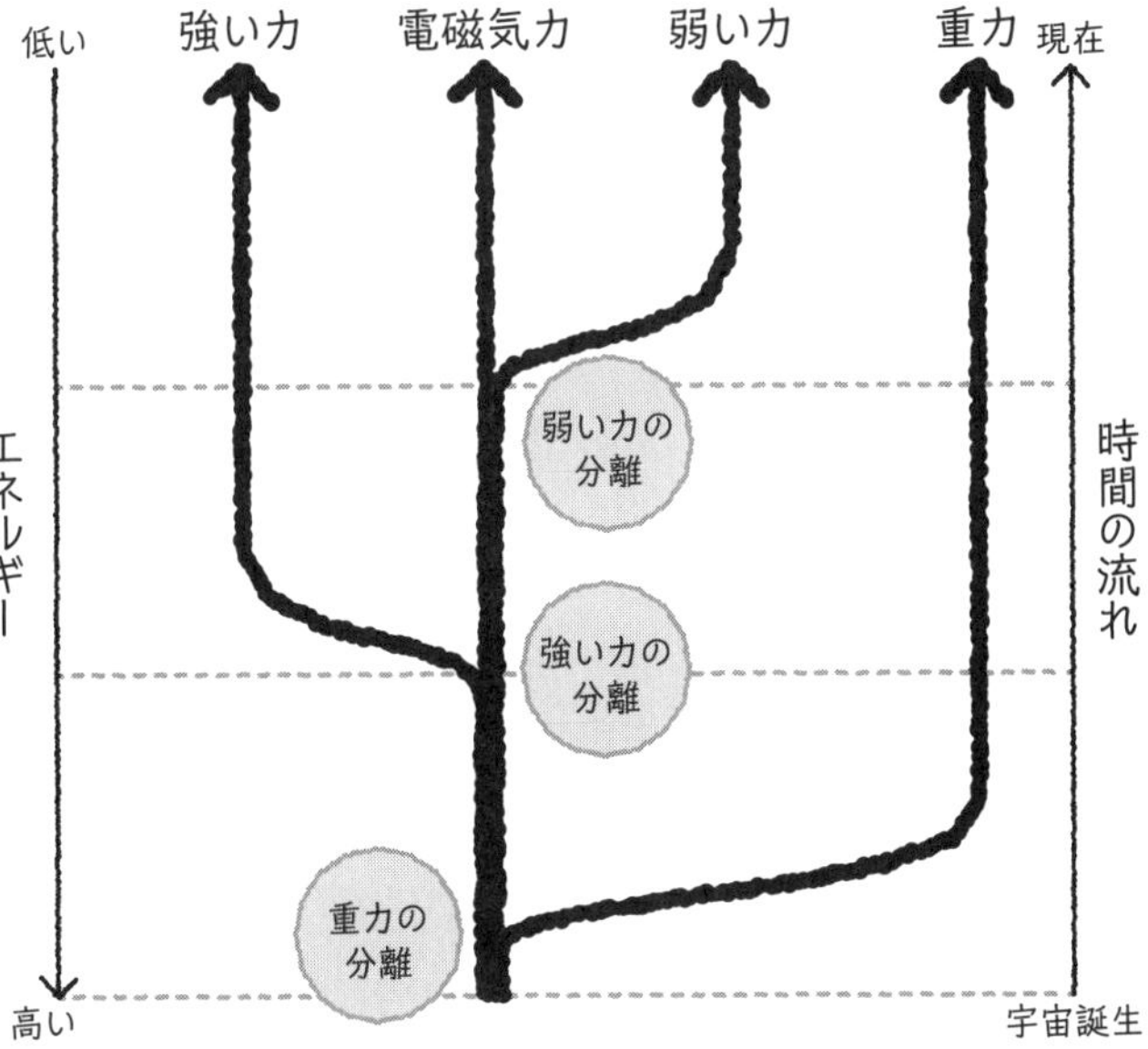

然《ぜん》一体化していたと考えられています。少し冷めてくると、まず重力が分離し、次に強い力が分かれ、最後に電磁気力と弱い力が分離しました。ここで分離と表現したのは、それぞれが他とは違った働きをするようになったという意味です。

ともかく、「それ以上分割できないもの」という意味の原子（atom）は、いまではさらに分割できることがわかっています。現在のところ判明している素粒子（物質を構成する基本的な粒子）はクォークが6種類、電子などのレプトンも6種類。私たちの身体を含むすべての物質は、この12種類の素粒子でできているのです。

このあたりの話に興味をもたれた方は、素粒子論について書かれた本をひもといてみてください。

CHAPTER_2 06/14

宇宙の歴史が1億年長くなったわけ

さて、この数ページで重力やダークマター、素粒子、超新星爆発、相対性理論、量子論などなど、重要な単語をシレっと使いました。が、これらの言葉を一つひとつ解説していくだけで何冊も本が書けるほどです。「宇宙は亀と象が支えている」と考えられていた牧歌的な時代とは違い、アリストテレス以降、何人もの科学者たちが宇宙の謎に挑んできたのですが、その何十年、何百年もの知見を凝縮したのがこれらの用語なのです。

ですから、先達に敬意を払う意味でも、宇宙に興味を抱いていただくためにも、言葉の解説をしながら話を進めていきましょう。ときおり寄り道がすぎて、目的地がわからなくなってしまうかもしれませんが……。

ではあらためて、宇宙創世記を見ていきましょう。

宇宙は、いまから138億年前に、無から生まれたと考えられています。

——おっと。さっそく説明しておかなければいけないことが出てきました。

ついこのあいだまで、学者たちは「宇宙の歴史は137億年」と公言していました。その数字をタイトルに入れた本も、たくさん出版されています。何を隠そう、ぼく自身も『宇宙137億年解読』という本を、2009年に東京大学出版会から出してしまっています。それが一瞬にして1億年増えたのはなぜでしょうか。

じつは宇宙の歴史は137.5億年で、切り上げたか切り捨てたかの違いだけ？

それとも、137億年という数字が間違っていた？

答えは後者です。――というと語弊があって、観測技術が上がったため、より正確に計算できるようになった、というのが正解でしょう。

宇宙が始まったときに発せられたマイクロ波の精査が、ＮＡＳＡや欧州宇宙機関の宇宙望遠鏡などを使って行われています。「１３７億年」というのは２００１年にＮＡＳＡが打ち上げたＷＭＡＰ《ダブリューマップ》衛星による数字、「１３８億年」というのは、欧州宇宙機関が２００９年に打ち上げたＰｌａｎｃｋ《プランク》衛星によるものなのです。この調査はつい最近完了して最終的な結果が報告されており、宇宙の年齢はやはり１３８億年が正しいようです。

先ほど紹介した「一番星のシミュレーション」では、この「宇宙が始まったころに放たれた光（マイクロ波）」の濃淡を参考にして物質の濃度を決めました。このあたりのことは、宇宙の秘密を解き明かすカギになるので、あとでもう一度紹介しましょう。

それより気になるのは「宇宙は無から生まれた」というところです。

いま、40～50歳くらいになる人は、子ども時代に「宇宙の卵が爆発して宇宙が生まれた」などという話を読んだ記憶があるのではないでしょうか。宇宙論や物理学の世界は、専門家以外の人に向けてわかりやすく説明しようとして墓穴を掘ってしまうことが少なくないのですが、「宇宙卵」もそのひとつです。

「卵」というと、ニワトリかウズラの卵のような、ある程度の大きさのあるものを想像してしまいます。が、宇宙はそうではなく、広がりのない一点、つまり何もないところから生まれたらしいのです。

でも、そんなことがありうるのでしょうか。にわかに信じにくい話です。

じつをいうと、ぼく自身、大学院で宇宙物理学を学びはじめるまで、宇宙が何もない状態から誕生したとは思いもしませんでした。「ホンマかいな？」と思ったものです。

それを理解するには、量子論（量子力学）をひもとく必要があります。とはいえ、これがまた、専門家でない人にとってはちんぷんかんぷんでしょう。ぼく自身も、完全に理解しているかと聞かれると自信がありません。量子の世界の話は、考えれば考えるほど不思議で奇妙なことも多いからです。何せ、あのアインシュタインでさえ、すべては理解できなかったのですから……。

CHAPTER_2 07/14

見ているときと見ていないときで状態が違う――量子力学の世界1

ニュートンが解明したニュートン力学（運動の法則、万有引力の法則）は、新しい惑星（海王星）の存在を予想するなど、宇宙空間でも立派に通用していました。ただ、より遠い星に関しては相対性理論が必要になってくるし、初期宇宙の解明については量子力学の考え方を持ち出さなければすっきり説明できません。そこで、ちょっと量子力学の世界を覗《のぞ》いておきましょう。

ぼくたちが知っているすべての物質は、酸素や水素、炭素や鉄などを含む分子でできています。分子は原子から成っており、原子は陽子と中性子で構成される原子核と、そのまわりを「回っている」電子でできています。さらに陽子と中性子は何種類かのクォークで構成されています——ということはすでに説明しました。

電子やクォークなどの微視的な世界では、それ以上分割できない物理的な限界の単位があり、それを一般に「量子」といいます。そしてそのような微視的な現象を扱うのが量子力学です。

量子の世界では一般常識が通用しません。たとえば、「物体は、力の作用を受けないかぎり、静止、あるいは等速直線運動を続ける」（ニュートンの慣性の法則）、「物体Aが物体Bに力を及ぼす場合、物体Bは物体Aに大きさが同じで逆方向の力を及ぼす」（作用・反作用の法則）などは、みなさん納得できるし当たり前だと思うでしょう。

これに対して「量子」力学の世界は摩訶《まか》不思議です。「見ているときと見ていないときでは物質の状態が違う」「モノを通り抜けることができる」「テレポーテーションが可能」——などという冗談みたいなことが、実際に起きるのですから。

ここでは、量子力学の教科書の冒頭で学ぶ二重スリットの実験を、かなり簡略化して紹介しておきましょう。

衝立に2本のスリット（切り込み）を空けます。その手前に、電子が1粒《つぶ》ずつ発射できる電子銃を、奥に電子が当たれば感知できるスクリーンを置きます。そしてランダムな方向に電子を発射したとき、スクリーンにはどう記録されているか、という実験です。

発射するのが電子ではなくボールだったら、当たったところはスリットに沿った縦2本線になりますね。ボールが物質であるように、電子も物質なので、電子銃を発射すると2本の縦線が記録されるはずです。

ところが、実験の結果現れたのは縞《しま》模様でした。これは「干渉縞」と呼ばれるもので、2本のスリットを空けた衝立に水を入れ、波立ててたときに見られるものと同じです。つまり、電子は波でもあったのです。

でも、干渉するということは、1つの電子が2つのスリットを通り、絡まり合っていることになります。そんなことはリクツに合わないので、電子の軌道をチェックするために、センサーを置いて観察してみます。すると、スクリーンの干渉縞は消えてしまうのです。

ここから導き出される答えは、電子はやっぱり粒だった、ということ。要するに、

二重スリット実験

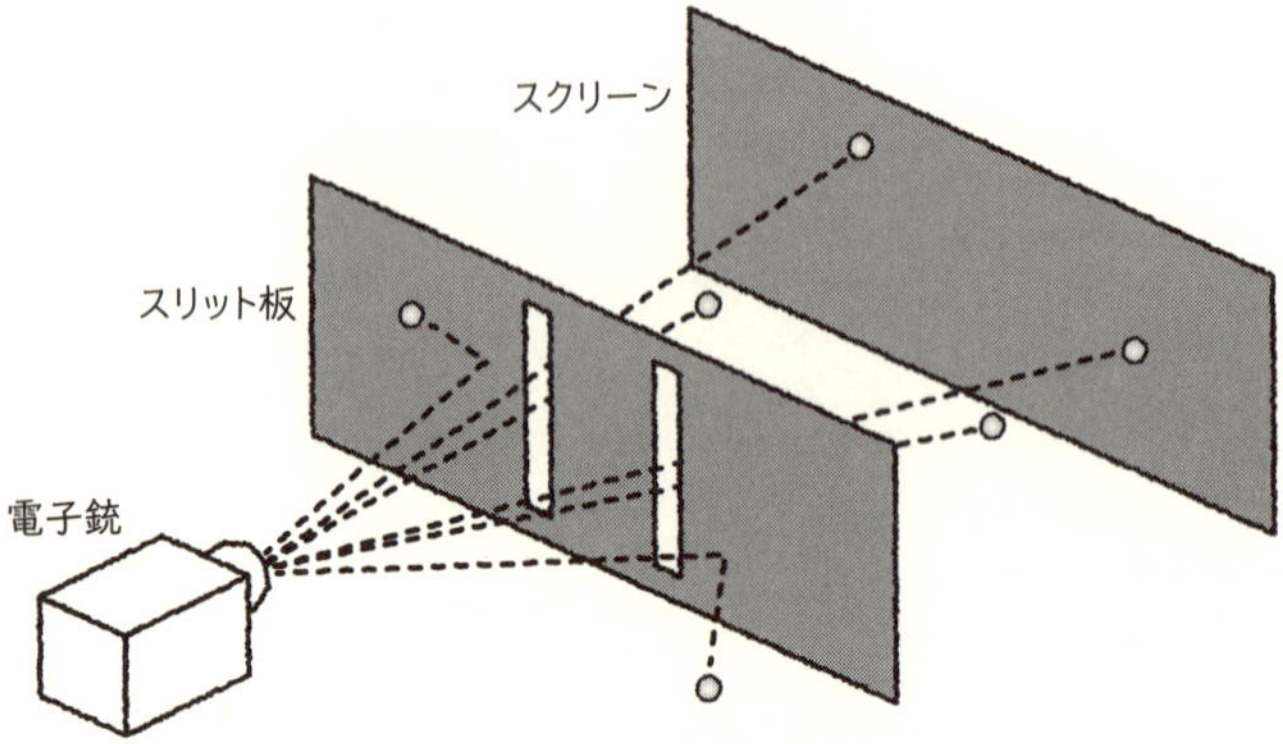

電子を1粒ずつ発射しても
スクリーンに干渉縞があらわれる

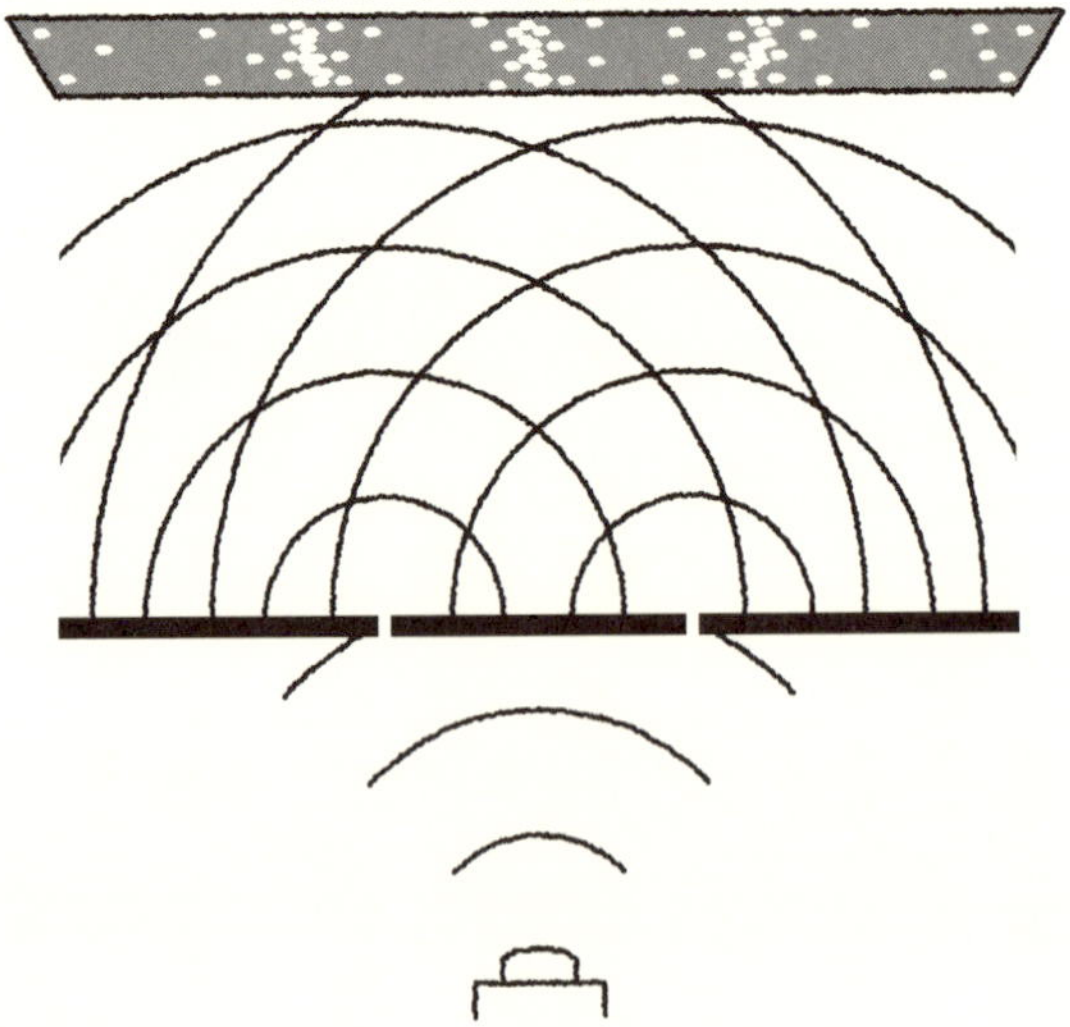

電子は観察されることによって、状態（波、粒子）が変わるということです。

ちなみに、１９８９年、電子銃による実験に世界で初めて成功したのは、日本の外《との》村彰《むらあきら》氏（当時、日立製作所。のちに理化学研究所グループディレクター、東京電機大学大学院理工研究科客員教授、沖縄科学技術大学院大学教授などを歴任。１９４２〜２０１２年）でした。その84年前の１９０５年には、アインシュタインが「光量子仮説」に関する論文を書き、光が波であると同時に粒であることを解き明かしています。

CHAPTER_2 08/14

2つの場所に同時に存在できる？——量子力学の世界2

わかったようなわからないような話だと思いますが、そのほかに量子力学についてわかっていることをいくつかあげておきましょう。

①エネルギーの量は、正比例のグラフのように連続的に変化するのではなく、階段状のグラフのように飛び飛びの値《あたい》を取る。

②電子は決まった軌道上を回っているのではなく、原子核を取り巻く波や雲のような

もので、電子がどこにあるかは確率でしか示すことはできない（不確定性原理）。

③未来を正確に知ることは不可能で、あらゆることは確率的にしか予言できない。

たとえば電子は、ぼくたちが観察していないときには一定の場所におらず、地点Aにある状態と、地点Bにある状態が同時に存在している（これを「状態の重ね合わせ」という）。観察した瞬間に、確率は収束して、場所が特定できる。

前に、「電子が回っているというのは正確な表現ではない」と書いたのは、②が理由です。「回っている」と考えていても日常生活で困ることはありませんが、「電子って、本当は原子核のまわりを回っているわけではないんだよ」というのは、話の種くらいにはなるでしょう。

わかりにくいのは③です（①や②もわかりにくいですが、それ以上に）。③の考え方を「コペンハーゲン解釈」といいます（名称は、量子力学を大成したボーアの本拠地でニールス・ボーア研究所の所在地にちなんでいます）。

光電効果の論文を書き、量子力学に理解のあったアインシュタインが、このなんとも曖昧な解釈に猛反対しました。また、オーストリアの物理学者エルヴィン・シュレーディンガー（1887〜1961年）も、ある例をあげて疑問の声をあげました。それが有名な思考実験「シュレーディンガーの猫」です。

簡単にいうと、生物が1時間以内に50%の確率で死んでしまう装置に生きたネコを入れたとき、蓋を開けて確認しないかぎり、1時間後には生きているネコと死んでしまったネコが同時に存在することになってしまう、というものです。シュレーディンガーは、「蓋を開けても開けなくても、生きているものは生きているし死んでいるものは死んでいる」と反論したわけです。

でも、結論からいうと、コペンハーゲン解釈はおおむね正しいと考えられており、量子力学の主流の考え方として定着しています。

それを具体化した例が量子コンピュータです。普通、コンピュータは0か1しか認識できません。この不効率をＣＰＵの高速化で補っているわけですが、量子コンピュータは0か1だけではなく、それが重なり合った状態――「シュレーディンガーの猫」でいうと、生きている状態と死んでいる状態が同時に存在しているように、0と1を同時に認識し、従来のコンピュータよりはるかに高速に処理できると期待されているものです。

まだまだ研究段階ではありますが、実際に計算することが可能で、早期の実用化が有望視されています。

また、量子テレポーテーションという現象を利用した量子コンピュータの高速化も実現できそうです。

光子、電子といった粒（量子）は、複数でワンセットになっていることがあり、ある粒の状態を観測すると、セットになっている粒の状態も連動して決まります。2つの粒がいくら離れていても——宇宙空間と地上でも、瞬時に状態が伝わるのです。これを「量子もつれ」といいます。

東京大学の古澤明《ふるさわあきら》教授らの研究グループでは、光子に情報を載せることに成功しています。たとえば1つの粒に「7」、もう一方に「＋3」という情報を与え、量子もつれを起こせば瞬時に「10」という答えが得られるばかりか、四則演算すべてが可能だそうです。しかも2017年には100万個の光子で電子もつれをつくりだすことに成功しており、従来の量子コンピュータをはるかに凌駕《りょうが》する高性能化にメドが付きました。

量子の世界は、ぼくたちの常識をことごとく覆していきます。まず、「リクツではこうなるはずだ」——というのはニュートン力学が通用する範囲での話。**宇宙に関する話やミクロの世界を理解しようと思ったら、思い込みを捨てなければなりません。**

CHAPTER_2 09/14

宇宙を「無」からつくりだす

寄り道がものすごく長くなってしまいましたが、「宇宙は、いまから138億年前に、無から生まれたと考えられています」という文章の続きを見ていきましょう。

次に注目したいのは、「無から生まれた」という部分です。何もないところから、何かが生まれるなどというバカな話があるのでしょうか。あれ？　そういえば、ついさっきまで、常識ではありえない現象について話していましたよね。そう、量子の世界の話です。

古典物理学では、物理的に何もない空間は真空＝無であると考えていました。それがぼくたちが知っている常識の世界です。しかし、量子物理学では、「無」というものは存在しないと考えます。**常に無数の粒子が反粒子とのペアで生まれては瞬時に消滅しており、平均すると何もない（つまり「無」に見えるような）状態が、宇宙にとっては初期状態**なのです。

この、粒子が生まれては消える状態――エネルギーが瞬間的に生まれてはなくなる状態を「真空のゆらぎ」といい、あるときそのバランスが大きく崩れて宇宙が生まれたと考えられているのです。

もちろん、この〝創世記〟はひとつの仮説にすぎません。なぜバランスが崩れたか、バランスが崩れるだけで本当に宇宙が生まれるのか、など、わかっていないことがたくさんあります。

ビッグバンは素粒子のスープがグラグラ煮えたぎっている状態

さて、ここからはちょっとスピードアップをして創世記の続きを見てみましょう。

いまから138億年前、突然生まれた宇宙は、10のマイナス44乗（小数点のあとに0が44個）秒から10のマイナス34乗秒のあいだに、無限大まで拡がりました。「インフレーション」と呼ばれる瞬間です。

10のマイナス44乗秒から10のマイナス34乗秒などという、たいへん小さな数字が登場しますが、これは、宇宙の大きさや温度などから求めた理論上の数字です。ほんの一瞬ともいえないほどの時間ですが、研究者でないかぎり具体的な数字を覚える必要はまったくありません。宇宙創成のときには、そんなに短い時間でとても大きなことが起こった、ということです。

この生まれたての宇宙では、重力をもたらす謎の物質「ダークマター」のほか、さまざまな素粒子——電子やクォークなどが爆発的に生まれました。この段階では、原子や分子はまだできておらず、素粒子がバラバラに存在する状態です。素粒子は激しく動き回り、エネルギーの高い光と混じります。おかげで数兆度という、とんでもない高温になり、グラグラと沸騰する素粒子のスープのような状態になりました。そのあいだにも宇宙は膨張を続けています。

この膨張する超高温の初期宇宙が「ビッグバン」です。

あなたは「宇宙は爆発から生まれた」というイメージをお持ちではないでしょうか。ビッグバンを直訳すると「大爆発」なのでそう思われていても仕方ありません。でも、ダイナマイトが爆発して、四方八方に何かをまき散らすようなものではありません。ここに書いたように、素粒子などが入ったスープが超高温で煮えたぎっている状態から、急激に膨張していく様をビッグバンと呼んでいるのです。

一瞬にして無限大になったはずの宇宙が、さらに膨張するとはどういうことか、想像しにくいですよね。「宇宙が膨張する」といえば、風船が膨らむようなイメージを抱いてしまいます。でも、英語の「expansion of the universe」は、「膨らむ」ではな

量子のゆらぎから生まれた宇宙

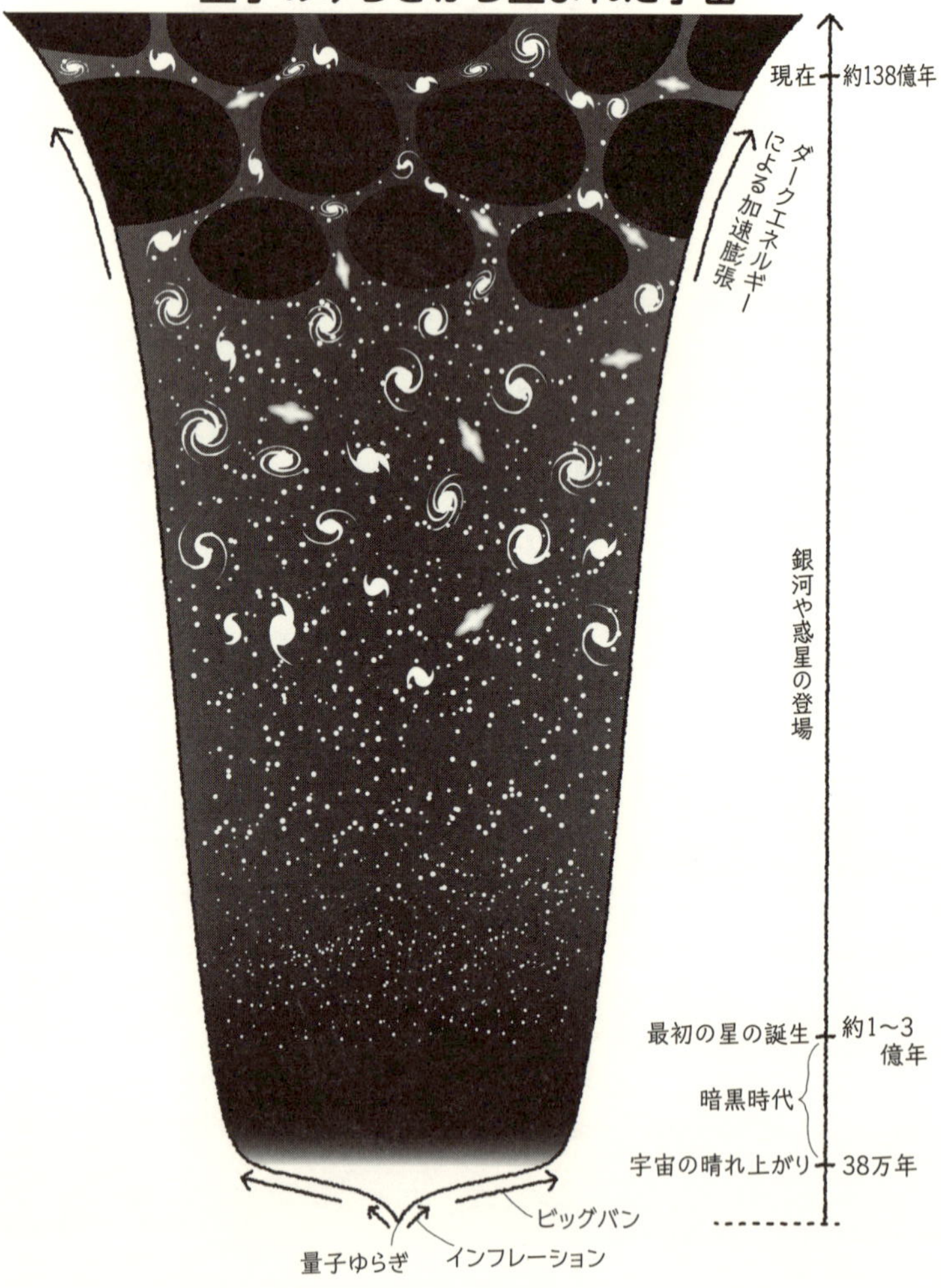

く「伸びる」「伸展する」「伸張する」というニュアンス。風船の体積が膨らむのではなく、風船のゴム膜が伸びると考えたほうが近いでしょう。

風船のゴム膜の上では、どういう方向に移動しても際限なく動けるので無限大なのです。膨張すると、ゴム膜表面の2点の距離が広がっていきますね。これが「無限大のものが膨張する」というイメージです。

この説明と実際の宇宙の膨張、いや「伸長」にはまだへだたりがあります。宇宙空間という3次元（あるいはそれ以上）の世界を、便宜的にゴム膜という2次元で説明してしまっているからです。残念ながら、これ以上わかりやすく説明する術《すべ》を持っていないので、とにかく「空間が伸びるってそういうものか」と思っていただくしかありません。みなさんも、あれこれ想像を働かせてみてください。

CHAPTER_2 11/14

素人が〝ビッグバンの残り火〟を発見！

話が前後しますが、「宇宙は無から生まれた」という説は、そもそもどこからきたのでしょうか。それは、現在の宇宙が膨張していることが発見されたからです。

これを発見したのは、アメリカの天文学者エドウイン・ハッブル（1889～1953年）です。ハッブルは観測によって、私たちが暮らす「天の川銀河」の外にも銀河があることを明らかにしました。そして、それぞれの銀河と地球との距離を測るうちに、ほとんどの銀河が地球から遠ざかり、さらに、遠い銀河ほど高速で遠ざかっていることを発見しました。1929年のことです。

なぜそんなことがわかるのか、その仕組みを簡単に紹介しておきましょう。

みなさんはドップラー効果を知っていますよね。救急車のサイレンは近づくにつれて高い音になり、遠ざかるほど低い音になるというアレです。前方では波長が短く（音が高く）なり、後方では波長が長く（音が低く）なるのです。

光が伝わるときにもドップラー効果はあります。本当は少し複雑なのですが、音のドップラー効果と同じように考えてみましょう。救急車を星に置き換えてみると（「そんなこと無理だ」といってはいけません。これも簡単な思考実験で、思考実験から導き出された真理はたくさんあるのです）、星が観測者から遠ざかっていくと光の波長は長くなり、星が近づいてくると光の波長は短くなります。光は波長が長い順に赤橙黄緑青藍紫（虹の7色ですね）と変わっていきますが、実際に観測すると遠い銀河ほど赤に近づいていったのです。

それはつまり、宇宙全体が膨張している、引き伸ばされているということです。**現**

なぜ膨張していることがわかったの?

電磁波の波長と光の色

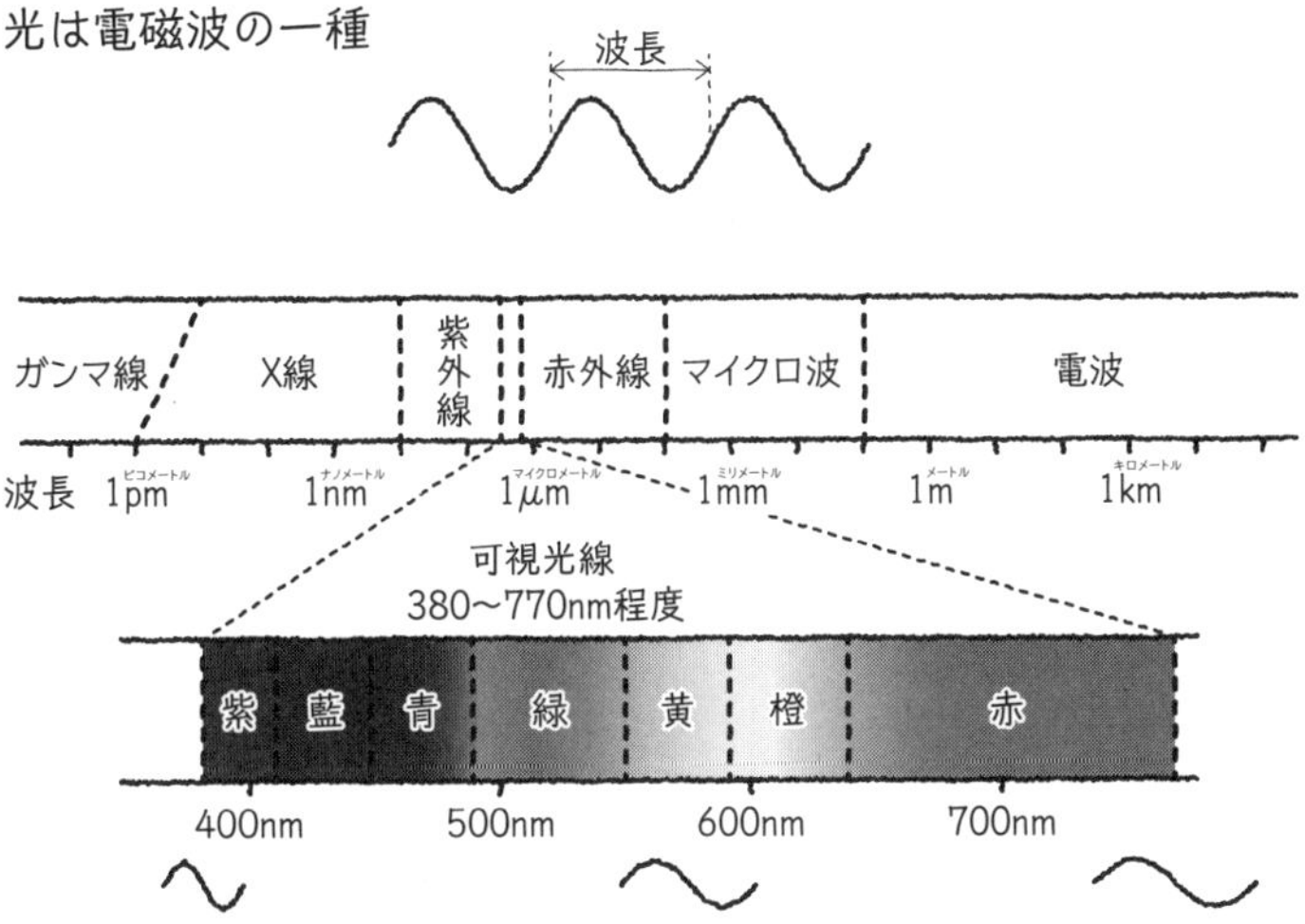

光のドップラー効果

進行方向側では進む速さの分だけ波長が圧縮され、
逆方向側では引き伸ばされる

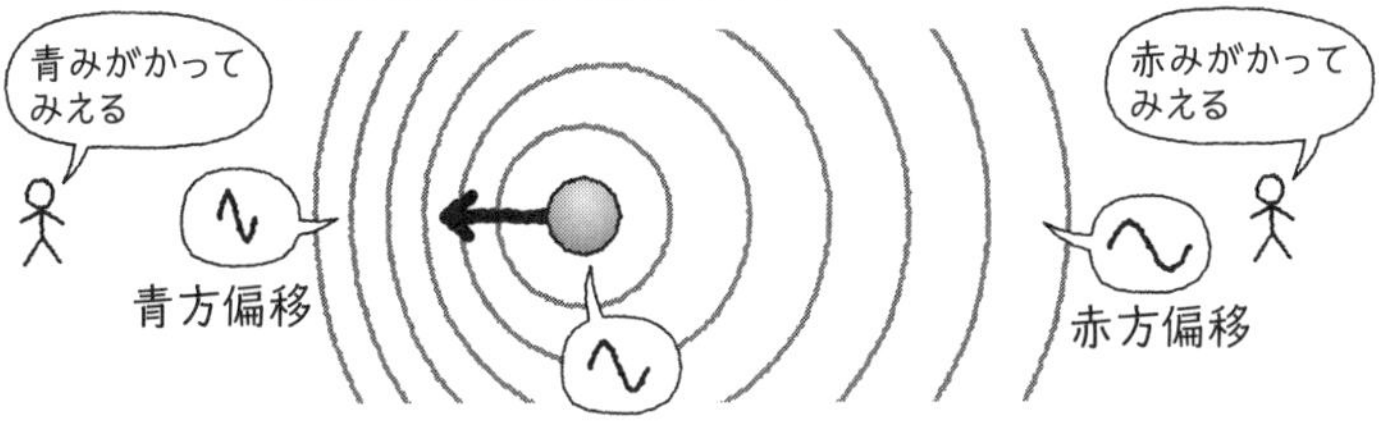

遠くの星ほど赤みがかってみえる→遠くの星ほど高速で遠ざかっている

在の宇宙が膨張し続けているなら、過去にさかのぼると始まりは点、あるいは「無」だったということになります。

ハッブルの発見や、それに先立つベルギーの天文学者ジョルジュ・ルメートル（１８９４～１９６６年）が１９２７年に発表した「原始的原子の爆発仮説」（ビッグバン仮説）を発展させたのが、ロシア生まれの物理学者ジョージ・ガモフ（１９０４～１９６８年）です。ガモフは、１９４８年、「初期の宇宙は高温・高密度で、膨張するにしたがって冷えていった」という理論を共同論文として発表しました。そしてさらに、「宇宙が高温・高密度だったころの光が、現在、マイクロ波として観測されるはずだ」と予言しました。

当時、「宇宙は宇宙として昔から変わらず存在する」という「定常宇宙論」が主流を占めており、あのアインシュタインも最初はそう考えていました。「ビッグバン」という言葉も、その理論に反対する学者が、「ププ、〝爆発〟だってよ」と揶揄《やゆ》して呼んだ言葉だったのです。

ところが、１９６４年になって、宇宙を飛び交う弱い電磁波が発見されました。発見者はアメリカの物理学者アルノ・ペンジアス（１９３３年～）とロバート・ウィルソン（１９３６年～）です。

電話の発明者であるグラハム・ベル（１８４７～１９２２年）が創設した会社の研究

所（その名もベル研究所）に勤めていた彼らは、高感度アンテナの設置中に、通信の邪魔になるノイズを捉えました。ノイズを除去するために、アンテナに付いていたハトのフン掃除までしましたが、どうしてもノイズの発生源がわかりません。

さまざまな原因を検討した結果、「ノイズ電波は全天のあらゆる方向から届いている」と気づきました。**この電磁波こそ、ガモフが予言したマイクロ波、ビッグバンによって生まれた光、「ビッグバンの残り火」だったのです。その電波は「宇宙マイクロ波背景放射」と呼ばれています。**

宇宙マイクロ波背景放射の発見によって、ビッグバン理論は直接的な観測によっても証明され、現在では完全に確立されたものと考えられています。

ちなみにペンジアスとウィルソンは、１９７８年にノーベル物理学賞を受賞しています。「ビッグバンを証明する」といった壮大な目標に取り組んでいたのではなく、まったく別の目的で、業務としてノイズの原因を探していたことが大発見につながったのです。

こうした、「何かを探しているときに、探しているものとは別の価値あるものを見つける能力」をセレンディピティといいます。高血圧薬を研究していて男性機能の特効薬を見つけたり、ほったらかしにしておいたペトリ皿に生えたカビから、カゼにも梅毒にも幅広く効くペニシリンを発見したりというのは、その一例でしょう。

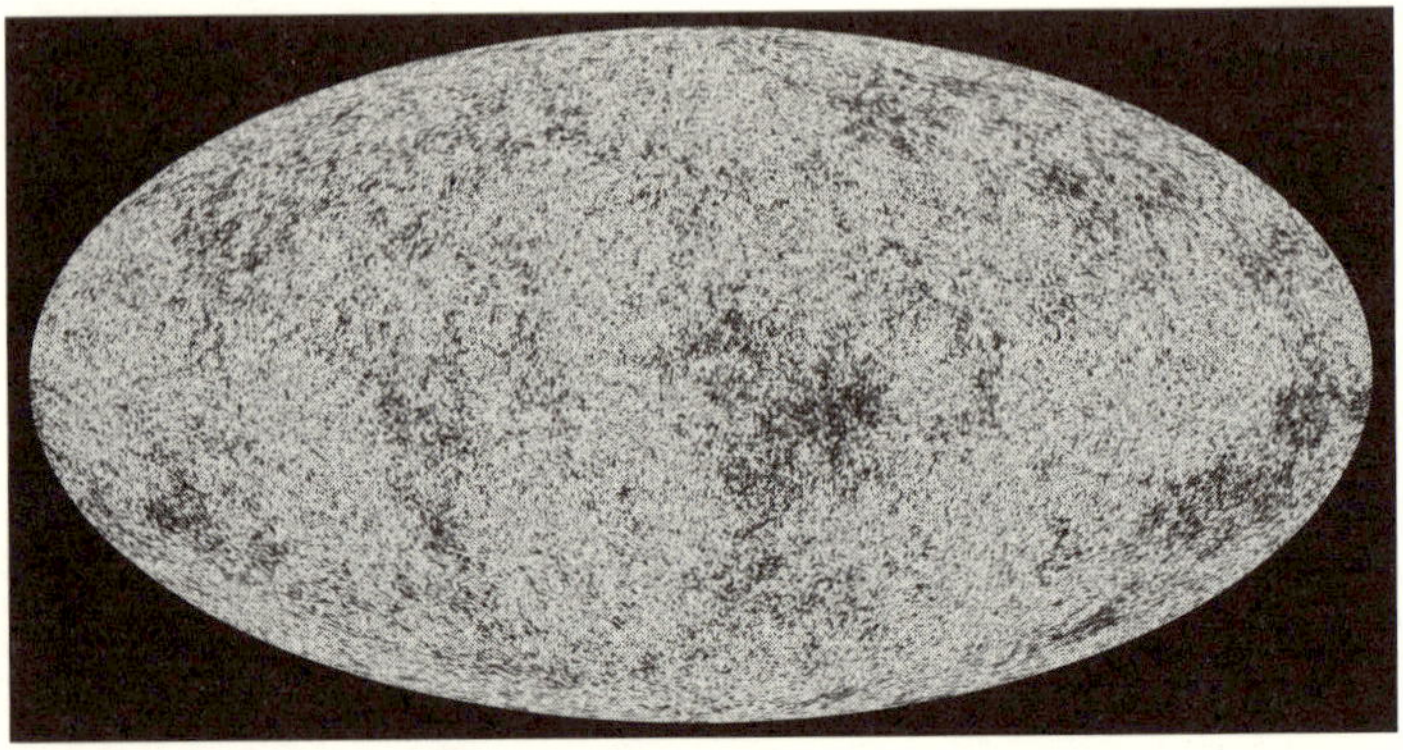

「ビッグバンの残り火」のような宇宙マイクロ波背景放射。
濃淡は電波の強度を表しており、
生まれたての宇宙のなかで物質の分布に偏りがあることを示しています。
European Space Agency,Planck Collaboration

それは、ひとつのことに一生懸命取り組んできた人へのご褒美といえるかもしれません。

右図は宇宙全体の宇宙マイクロ波背景放射の地図で、濃淡は物質の濃度や温度が均一ではないことを示しています（実際にはこんなにドラスティックな差はなく、違いを強調しています）。この不均一さ＝ゆらぎが宇宙誕生のカギをにぎっているのです。

CHAPTER_2 12/14

物質と反物質のせめぎあい

ダン・ブラウンの小説『天使と悪魔』には「反物質」が登場します。反物質と物質は、少しでも触れると互いに反応を起こして消え（対消滅）、即座に高エネルギーの「ガンマ線」という電磁波になってしまう、というなんとも恐ろしげな存在です。

この「反物質」、一見ＳＦチックに見えますが、ダン・ブラウンの創作ではなく、実在します。誕生したばかりの宇宙には、「物質（粒子）」だけでなく、電気的な性質だけが反対の「反物質（反粒子）」もおなじくらいたくさん生まれていました。マイナスの電荷をもった「電子」の反物質は、プラスの電荷をもった「陽電子」。プラスの電荷をもった「陽子」の反物質は、電荷がマイナスの「反陽子」です。

さて、宇宙誕生当時、物質と反物質はほぼ同数でした。が、わずかに物質のほうが多かった。その差は、反物質が10億個に対し、物質が10億1個という微妙な差でした。でも、このわずかな差が圧倒的な違いを生みます。物質が10億個の反物質は、同数の物質と反応して消えて光となり、物質が1だけ残りました。宇宙誕生直後のことです。現在の宇宙にある電磁波（光子）は、そのほとんどが、物質と反物質が反応して生まれたものと考えられています。

そのわずかな残りの物質から星が生まれ、銀河が生まれ、のちに太陽や地球、そして、ぼくたちの身体も生まれました。もし、物質と反物質がちょうど同数だったら、この宇宙は光だけの世界になっていたことでしょう。また、反物質のほうがほんの少しでも多かったら、この宇宙は想像すらできない、反物質だけの世界になっていたはずです。

ちなみに、宇宙誕生のすぐあとに消えてしまった反物質ですが、実験室のなかでつくることができるだけでなく、宇宙空間ではジャンジャン生まれては消えています。たとえば、国際宇宙ステーションのまわりにあるエネルギーの高い物質を調べると、その10％くらいからは反物質である陽電子が検出されます。また、宇宙空間には「宇宙線」という高エネルギーで飛び交うとても小さな粒子があり、地球にも常に降り注いでいますが、そのなかには陽電子も含まれています。

地球に降り注ぐ陽電子は電子と衝突することで消え、光になっています。また、雷のなかでも陽電子が生まれ、電子と反応してガンマ線が生まれていて、近年そのメカニズムも解明されています。

『天使と悪魔』は、CERN《セルン》（欧州原子核研究機構。実在する組織です）から、歴史上、最も凶悪な兵器として1グラムの反物質が盗み出されるという設定でした。1グラムの反物質は20キロトンのTNT爆弾（＝広島型原爆）2個分に相当するエネルギーを放出します。ただ、CERNの資料によると、1グラムの反物質をつくろうと思ったら20億年かかるそうです。

CHAPTER_2 13/14

すべては「ゆらぎ」から生まれた

日本の夏は、観光に来た外国人が驚くほど蒸し暑く、東京オリンピック時の対策をどうするか、真剣に考えなければならなくなっています。

そもそも人はなぜ暑さ（熱さ）を感じるのでしょうか。空気や水の温度は原子や分子の運動の激しさで決まります。水の温度が高いときは水の分子が激しく動いており、それが肌に勢いよくぶつかるので人は「熱い」と感じるわけです。

宇宙は誕生直後に急膨張したため、温度が下がりました。グラグラ煮えていた素粒子のスープ（この段階では原子や分子はまだできていません）が、空間が広がったことで素粒子どうしが衝突する勢いがおさまったのです。とはいえ、数兆度だったものが、0・00001秒ほどたったあとに1兆度になっただけですが。

ちなみに**現在の宇宙の温度はマイナス270度。絶対零度がマイナス273度ですから、それより3度高いだけ。**これは、すでに紹介した宇宙マイクロ波背景放射のエネルギー（波長）から割り出されたものです。

さて、宇宙の温度が下がったことによって重要なことが起こりました。素粒子どうしが結合して陽子と中性子が生まれたのです。それ以前から宇宙に存在していた電子と合わせて、原子の材料が揃いました。

さらに、宇宙誕生から3分後には、宇宙の温度が約10億度に下がり、陽子と中性子が結合して水素やヘリウムの原子核が生まれ、宇宙誕生から38万年後には温度が3000度くらいになり、原子核と電子が結合して原子が生まれました。最も軽い元素である水素とヘリウム、そしてほんの少しのリチウム原子です。ぼくたちの身体を構成している水素のほとんどは、このころに生まれたものです。

原子核が生まれてから原子が生まれるまでに約38万年かかったことになりますが、それだけ時間がかかったのは、光が邪魔をしていたためです。光には、つながった粒子（原子や分子など）を分解してしまう力があるので、原子核と電子が結合するためには、宇宙が広がって温度が下がり、光が邪魔しないようになる必要があったのです。

そして、ようやく光が真っ直ぐ進めるようになり、それまでもやもやと霧がかかったような状態だった宇宙は視界が開けました。これを**「宇宙の晴れ上がり」**といいます。宇宙マイクロ波背景放射は、このときに光（電磁波も光の一種です）が真っ直ぐ進めるようになったものが、いまぼくたちに届いているのです。

とはいえ、このころの宇宙は、ガスとダークマターが薄く漂い、ビッグバンの残り火である背景放射が飛び交うだけの真っ暗な状態でした。「宇宙の暗黒時代」と呼ばれていいます。宇宙に灯りがともるには、ビッグバンから1億年から3億年後ころとみられる最初の星（ひとつだけとは限りません）の誕生を待たなければなりません。この「ファーストスター（宇宙の一番星）」については、第4章で詳しく紹介しましょう。

その後、次々と星が生まれました。星の中心部では核融合反応で、水素からヘリウム、ヘリウムから炭素、炭素から酸素というように次々に重い元素が合成されていきます。重い星は、寿命を迎えると「超新星爆発」（126ページ参照）を起こして宇宙空間に飛び散り、宇宙を漂う塵《ちり》やガスとなります。そうした重元素の混じった星間ガスから、また新しい星が生まれます。

宇宙誕生後、5億年から8億年たつと銀河が生まれ、宇宙は輝きを増します。銀河は、さらにたくさんの星を生んだり、互いに引き合ったりぶつかったりして、さまざまな形をつくります。銀河がたくさん集まった銀河群や銀河団も生まれます。

次ページの図は、宇宙の地図づくりを目指す世界のプロジェクトSDSS（スローン・デジタル・スカイ・サーベイ）が捉えた宇宙の姿です。天の川銀河を中心に、宇宙をある平面で切り取った断面図で、銀河の3次元的な分布を表しています（ひとつの点は、星ではなく銀河です）。

これを見ると、銀河群や銀河団などが集まっているところと、「ボイド」と呼ばれる空洞になっているところがあることがわかります。宇宙には、このような網目状の構造があり、これを「宇宙の大規模構造」といいます。泡立てたせっけんの泡のように見えることから、「宇宙の泡《あわ》構造」とも呼ばれています。

初期の宇宙には、物質やダークマターがほぼ均一に分布していましたが、わずかな密度の違い＝「ゆらぎ」がありました。このゆらぎが、宇宙の大規模構造のタネになっています。

思い出してください。宇宙が誕生したのは、わずかなゆらぎからでした。そこから星が生まれ、銀河が生まれ、銀河群、銀河団が生まれ、現在の宇宙につながっている

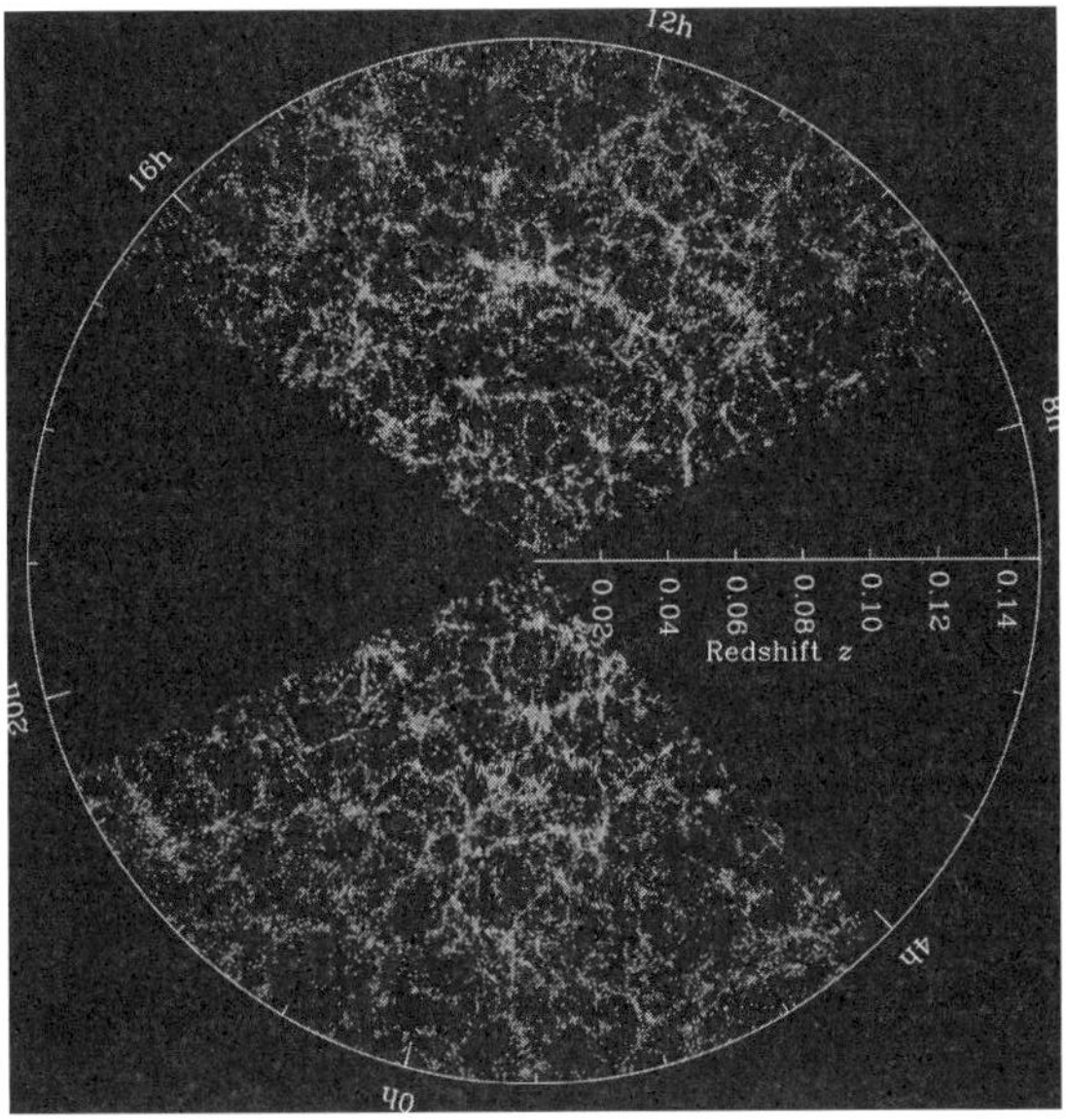

地球を中心とした銀河の3次元マップ。
各点は銀河を表し、典型的には約1000億個の星が含まれています。
銀河は宇宙全体に平均して存在するのではなく、たくさん集まっているところと、ほとんど存在しないところがあることがわかります。
M. Blanton and the Sloan Digital Sky Survey.

のです。
これが、おおざっぱな宇宙１３８億年の流れです。

CHAPTER_2 14/14

私たちはどこから来たのか？

ぼくたちの天の川銀河は、おとめ座超銀河団のなかにあり、太陽系は天の川銀河の少しはずれ、中心から縁までのおよそ4分の3の位置にあります。太陽が生まれたのは、いまから46億年ほど前、宇宙誕生から約92億年たったころです。地球も同じころに誕生し、そこに最初の命が生まれたのが、いまから35億年以上前のことです。

すでに説明しましたが、星が生まれ、死に、また新しい星が生まれるという歴史のなかで、宇宙空間にはさまざまな元素のガスや塵が生まれました。その塵が集まって重元素を含んだ星が生まれ、太陽が生まれ、地球も生まれ、そして生命が生まれたのです。つまり、**ちょっとロマンチックにいうと、ぼくたちはみな「星の子ども」なのです。**

もし宇宙人（地球外生命体）がいるとすれば、彼らも星のかけらから生まれているはず。

あなたの身体を構成している物質は、じつは遠い過去に暮らしていた宇宙人のものだったのかもしれません。

さて、ぼくたちはいまこの宇宙にいますが、宇宙はほかにもたくさんあるという理論もあります。「マルチバース理論」です。真空のゆらぎからインフレーションによってこの宇宙が生まれたように、ほかにもたくさんの宇宙が真空のゆらぎから生まれているというものです。シュレーディンガーの猫のように、宇宙は同時にいくつも存在しているという「宇宙の多重発生理論」もあります。

もっともらしいものから、明らかにトンデモ理論と思われるものまで、たくさんの理論が提唱されているのですが、ぼく個人としては、じつは「この宇宙が唯一の存在であってほしい」と思っています。かすかなゆらぎから突然生まれた宇宙、そこでさまざまな偶然が重なって星が生まれ、銀河が生まれ、ぼくたちが生まれてきたというこの奇跡に感謝したい――そう思うのです。

［第3章］

見えないはずのブラックホールを見る

速く動くものの時間は流れが遅い

第2章では、「宇宙は重力の賜《たまもの》」であることを説明しました。第3章ではその重力の塊であるブラックホールに迫ってみましょう。

じつは、2016年から2018年にかけて、ブラックホールに関連する大発見が相次ぎました。ブラックホールが存在する強力な証拠が見つかったり、不可能だと思われていた直接の観測に成功したりしたのです。数年後に振り返ってみれば、この数年が「ブラックホール研究の発展期」と評価されるかもしれません。

ブラックホールの中心では、重力は無限大になる――などと、事実だけを箇条書き的に紹介していくこともできますが、それではおもしろくありません。そこで、先を急ぐ前に、ブラックホールの存在を予言していた相対性理論について少し説明しておきましょう。相対性理論って、なんだか特別な世界の話のように思われるかもしれませんが、みなさんが毎日使っているスマホにも利用されていると聞けば、少しは身近に感じていただけるのではないでしょうか。

さて、アインシュタインが１９０５年に発表したのが「特殊相対性理論」です。

この理論のエッセンスは、

- **光の速度は一定で、光より速いものはない**
- **速く動いていると、時間が遅く流れる**
- **速く動いているものは、縮んで見える**
- **速度が上がるほど質量が増える**
- **質量とエネルギーは同じもの**

というものです。

まず光の速さについて説明しましょう。光は秒速約30万㎞、１秒間に地球を７周半するスピードだということはご存じですね。そして、どこから計測してもこのスピードは変わらない、というのです。

時速１００㎞で走る電車から、進行方向に向かって時速１００㎞のボールを投げると、地上の人からはボールが時速２００㎞で飛んでいるように見えます。当然ですよね。でも、時速１００㎞で走る電車の前方から、光を発射しても、そのスピードは「秒速30万㎞＋時速１００㎞」にはなりません。どのような状況でも秒速30万㎞のままです。

なんだか釈然としない話ですが、この速度と性質は、いろいろな科学者が実験によって確かめた、宇宙の真理なのです。

アインシュタインは「$E=mc^2$」という式を導き出しました。Eはエネルギー、mは質量、cは光の速さ。つまり「質量をエネルギーに変換することができる」ということです。たとえば1グラムの物質（1円玉がちょうど1グラムですね）をエネルギーに変えると、秒速30万㎞の2乗だから90兆ジュールになり、広島型原爆を優に超える威力を発揮することになります。

アインシュタインが特殊相対性理論を発表した1905年、彼はすでに「光量子仮説《こうりょうし》」（光電効果《こうでん》の理論）「ブラウン運動の理論」という2本の論文を発表していました。「光量子仮説」は、光は波と粒《つぶ》の性質を同時にもち、波長の短い光のほうが波長が長い光よりもエネルギーが大きいというもの。「ブラウン運動の理論」は水の分子がランダムに動き回っていることを明らかにしたものです。

アインシュタインは「光量子仮説」でノーベル賞を獲得していますが、他の論文も後世に残した影響という点では勝るとも劣りません。彼がノーベル賞級の発表を連発したこの年は、物理学史上「奇跡の年」といわれています。また、アインシュタインが当時は大学の教授などではなく、スイスの特許局職員だったことはとても印象的です。現代とは学問も研究環境も異なるとはいえ、一個人の想像力によって物理学の基本的な法則が見出されたのです。

CHAPTER_3 02/13

あなたは時空をゆがめている

特殊相対性理論は評判を呼びましたが、これは止まっている物体や同じ速度で走っている物体にしか通用しませんでした。これに満足できなかったアインシュタインは、加速度運動する物体一般に通用する「一般相対性理論」を発表します。特殊相対性理論からちょうど10年目の１９１５年のことでした。

そこで明らかにしたのは、「重力があるところでは、時間と空間がゆがむ」ということです。簡単に説明しておきましょう。

縦横等間隔にメモリを付けたゴムシートを用意します。そして、その真ん中に鉄球を置いてみましょう。メモリ付きのゴムシートが時空を、鉄球は重力を表します。

さて、ゴムシートは鉄球を置いたところを中心にたわみます。等間隔に付けたはずのメモリも、伸びてしまっているはずです。つまり、重力のある場では時空が曲がっているのです。

このゴムシートの上でピンポン玉を転がしてみましょう。時空（ゴムシート）が曲が

重力のあるところでは時空がゆがむ!

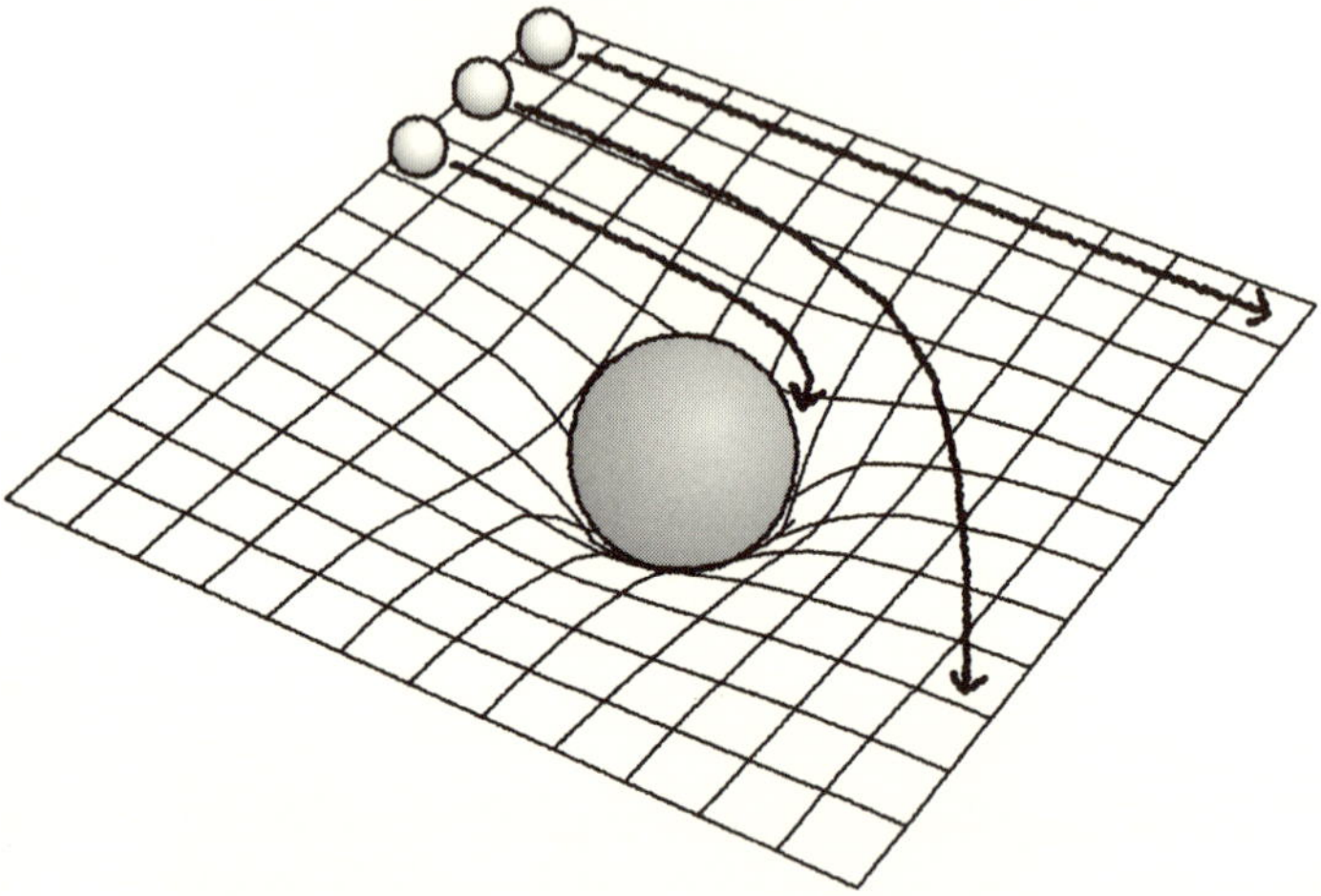

宇宙空間をゴム膜だとする。
鉄球など重いものを載せたら、ゴム膜はたわみ、
その付近ではピンポン球などが真っ直ぐには進まない。

アインシュタイン方程式（重力場の方程式）

$$R_{ij} - \frac{1}{2} g_{ij} R = \frac{8\pi G}{c^4} T_{ij}$$

スカラー曲率
円周率
重力定数
リッチ・テンソル
重力ポテンシャル
光の速度
物質質量=運動量
この3つ以外は変化しない

これをざっくり説明すると……

時空のゆがみ ＝ 物質の質量と運動量

つまり、

重さやエネルギーがあると時空はゆがむ

ことを示しています。

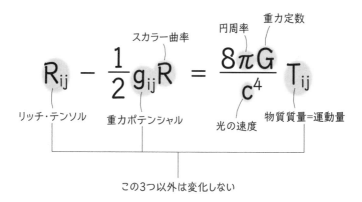

っているので、その近くでピンポン球を転がせば軌跡はカーブを描きます。転がすスピードによっては、ピンポン球は鉄球とくっつくでしょう。これが2つの物体に働く重力で、ニュートンが引力と呼んでいたものです（114ページ参照）。

これを式（アインシュタイン方程式）にすると、前ページのとおり。いきなりこんなものをでんと出されてもわけがわからないと思いますが、方程式の左辺は「時空の曲がり具合を表す量」で、右辺は「物質の質量（エネルギー）と運動量」。つまり、「重さやエネルギーや運動量があると、時空はゆがむ」ことを表しているのです。

アインシュタインは、**重力とは「物質やエネルギーによって、時空が曲げられる現象」**だとしました。この方程式は、宇宙のあらゆるものに当てはまるとされています。つまり、あなた自身も時空をゆがめているのです。体重が重いほど、その割合は大きくなるので、時空に影響を与えたくないのであればせっせとダイエットに励んだほうがいいかもしれません。

ちなみに、ぼくたちが地上で普通に暮らしているときに通用していたニュートン力学の考え方（ニュートン方程式）も、じつはアインシュタイン方程式にしっかり内包されています。重力が弱い場合には、ニュートン方程式を使えばよいのです。

重力は光さえ曲げてしまうとしたアインシュタインの理論は、日食の観測によってその正しさが証明されました（次ページ参照）。

日食を利用して一般相対性理論を証明！

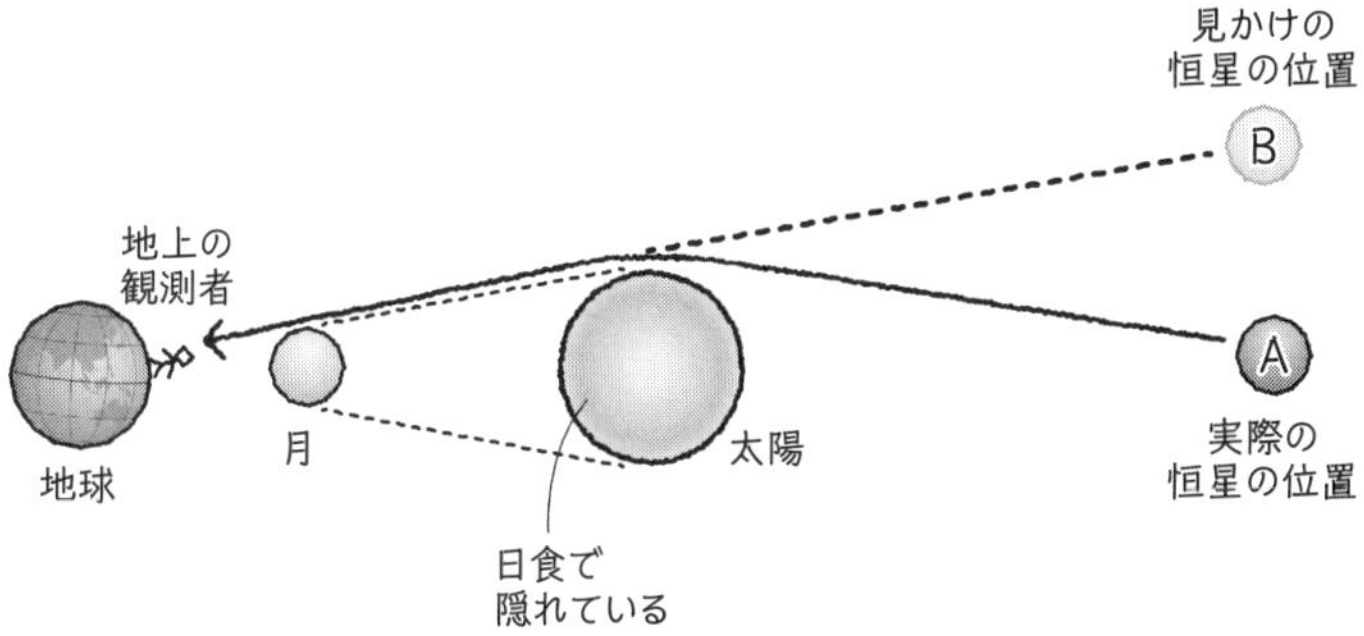

①皆既日食のとき、太陽は月で隠され、夜空のように星が見える。

②Aの位置にある星は、太陽の重力で時空がゆがめられるので……

③Bの位置に見える。

一般相対性理論に興味をもったケンブリッジ天文台長のアーサー・エディントン（1882〜1944年）は、太陽の近くにあるはずの星から届く光は、太陽の重力で曲げられるので（実際には、太陽によりゆがめられた空間のなかを光は真っ直ぐ進みます）、実際よりもズレて観測されるはずだと考えました。

通常、明るい昼間に太陽の近くにある星を観測することはできません。でも、皆既日食のときなら、太陽光は完全に隠されて空は暗くなりますから、昼間に星々を見ることができます。そこでエディントンたちは1919年5月に起こる皆既日食で確認しようと観測隊を編成。自らアフリカまで赴いたエディントンは、相対性理論が正しいことを観測によって証明したのです。

お気づきの方もいらっしゃると思いますが、これは第1章で紹介した重力レンズ効果によるもの（重力をもたらしているものが、太陽か別の天体かという違いはありますが）。ゴムシートと鉄球を使って説明した空間のゆがみは、光でさえ真っ直ぐ進めなくしてしまうのです。

CHAPTER_3 03/13

GPS衛星は相対性理論で時計を調整

正直言って、相対性理論を理解していなければいけないような場面は、日常生活ではあまりありません。でも、物理学者など一部の人だけがわかっていればいい、というものでもないでしょう。たとえば、原子力による環境破壊やAIによる社会への影響などについて、少しでもいいから科学的な知識を持ち合わせていれば、より適切に考えることができるだろうと思うのです。

相対性理論を身近に感じていただけそうな例を紹介しておきましょう。スマートフォンになくてはならない機能に「位置情報」があります。目的地までの行き方や、電車の経路などを調べるために、ほとんどの方が利用しているのではないでしょうか。これを司っているのはGPS。ジョーシキですよね。でも、そのGPSに相対性理論が使われていることは、ご存じでしたか？

GPSは、「物体の速度や重力によって、時間の進み方が変わる」という理論に基づいて、GPS衛星の時計を調整し、位置情報を正しく保っているのです。

現在、地球のまわりをたくさんのGPS衛星が飛んでいますが、正確な位置を把握するためには、最低でも4機の衛星からの電波が必要です。各衛星の位置はあらかじめわかっているから、衛星からあなたのスマホに電波が届く時間の違いを利用して、位置を割り出しているのです。

そのときに重要なのが、衛星の時計を合わせておくことです。時計がズレていたら、とんでもないところを表示してしまうので、わずかな誤差も許されません。

ここで、この章の冒頭で紹介した「速く動いているものは、時間が遅く流れる」を思い出してください。GPS衛星は秒速約4km（対地速度）というかなりの高速で動いているから、地上の時計と比べると若干遅れ気味になります。

また、ゴムシートと鉄球の話で、強い重力が働いているところでは、光でさえ曲がってしまうことを説明しました。一直線に進まず、迂回《うかい》するということは、その分時間が余計にかかることを意味します。

裏を返すと、重力が弱いところでは、時間が早く進むことになります。高度約2万km上空を飛ぶGPS衛星に働く重力は、地上のそれより小さくなるので、地上よりも時間は早く進むのです。

これを相殺すると、人工衛星では地上よりも時間が少しだけ——毎秒100億分の4・45秒——遅く進むことになります。そんなわずかな差など気にしなくてもよさそうなものですが、１日放っておくと10㎞前後の差が出るので、シャレにはなりません。

ちなみに、人工衛星ほどではありませんが、高いところにある（つまり重力が小さい）**東京スカイツリーのてっぺんでは、地上より１００兆分の７秒くらい時間が早く流れています。**反対に、ブラックホールの近くでは重力が大きくて、時間がゆっくり進みます。

ＧＰＳ衛星では、１００億分の４・４５秒という微妙な時間を調整していましたが、もっと高速な物質では、寿命が何倍にも延びるケースがあります。宇宙線が地球の大気圏にある原子とぶつかって生まれる素粒子「ミューオン」は、普通は１００万分の２秒で消えてしまう運命。ところが、光速に近いスピードで飛んでくるために寿命が50倍ほど延び、理論的には大気圏を通過するはずないものが、地上で大量に検出されたのです。

光速に近いスピードで宇宙旅行をしてきた人が地球に戻ると、家族は歳をとっていたのに、旅行者だけは若いままという「浦島効果」。思考実験にすぎないと考えられていたものが、実際に観測されたわけです。

「事実は小説よりも奇なり」というイギリスの詩人バイロンの言葉を地でいくような不思議でおもしろい現象が、宇宙ではたくさん起こっているようです。

アインシュタインはブラックホールの存在を否定した

こんなにすごいことを考え、現在も人々に多大な影響を与えているアインシュタインですが、いくつか大きな間違いを犯しています。量子力学の曖昧な部分を批判して「神はサイコロを振らない」と言ったこと（212ページ参照）や、宇宙は膨張していないと考えて、アインシュタイン方程式に「宇宙定数」（205ページ参照）を足してしまったことなどです。アインシュタインも人の子だったんですね。もっともその宇宙定数は、現在ではダークエネルギーの強さを説明しているのではないかと考えられており、「アインシュタインはやっぱりすごい」ということになっていますが。

ブラックホールについても、アインシュタインは「理論的にはありうるが、実際には存在しない」と考えていたようです。

1915年にアインシュタインが一般相対性理論を発表すると、ドイツの天文学者カール・シュバルツシルト（1873〜1916年）は、難解なアインシュタイン方程式を解いてしまいます。そして、「重力が強大なところでは、光さえ吸い込まれて出てこられなくなる」という論文を書き上げてアインシュタインに送りました。アインシュタインは、相対性理論を理解してひとつの解を示してくれたことを喜び、この論文を、戦場のシュバルツシルトに代わって学会で発表しました。1916年のことです。残念ながら、シュバルツシルトは同年、ロシア戦線の戦場で病没してしまいました。

　シュバルツシルトが示唆した、強い重力のために「光さえ吸い込まれて出てこられなくなる」ところとは、まさにブラックホールです。当時はまだ「ブラックホール」という名前はなく、名付けられたのは約50年もあとのことですが。

　ところが前述のように、**アインシュタインは1939年に発表した論文のなかで、「光が脱出できなくなるほど物質が凝集することは不可能である」と、ブラックホールの存在を否定**してしまいました。理屈では理解できても、肌感覚として実感できなかったのかもしれません。

　シュバルツシルトの理論を簡略化して描いたのが次ページの図です。ゴムシートに、超重い球を落としたとき、球はずっと深く沈み込みますね。その近くを通りかかると、落ちてしまいそうになります。さらに中心に向かっていくと、角度が急になって、もう這《は》い上がれなくなってしまうでしょう。これを「事象の地平線（面）」といい、球の中心を「特異点」といいます。そして、「事象の地平線」の円の半径を「シュバルツシルト半径」と呼びます。

ブラックホールの模式図

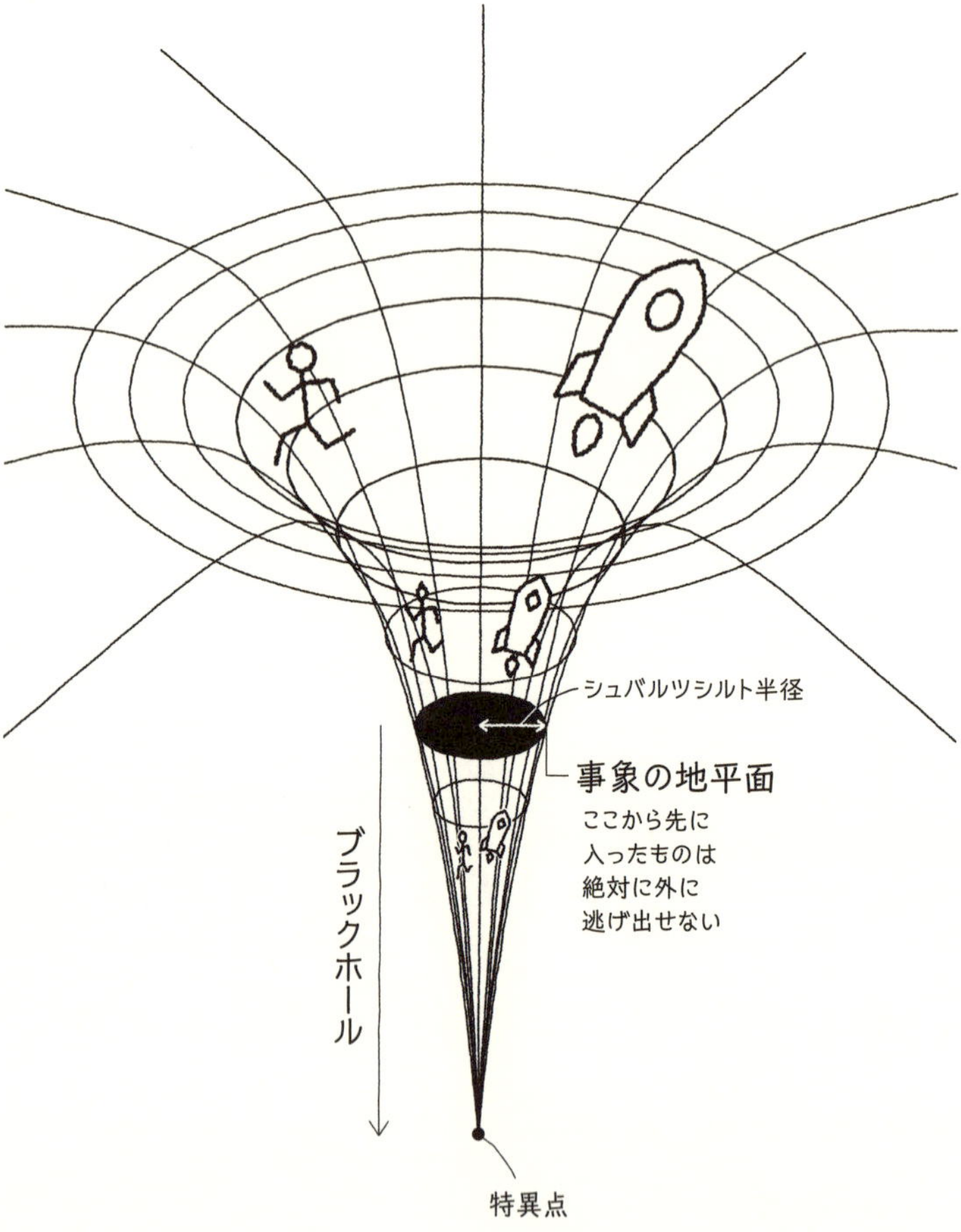

この図では事象の地平線より下側がブラックホール。これより先に進んでしまうと、物質も光も脱出することはできません。

ただ、これは説明のための図で、実際のブラックホールは球形です。球の表面が事象の地平線で、その中心に特異点があります。したがって、ブラックホールはラッパのように口を開いているのではなく、どの角度からでも物質や光をのみ込んでしまうのです。

ブラックホールに吸い込まれたらどうなるのか、ぼくにもわかりません。事象の地平線の向こう側がどうなっているか、吸い込まれた物質がどうなってしまうのか知りたいところですが、もしぼくがブラックホールに落ちたとしても、声も電波も送れないので意味がなさそうです。

CHAPTER_3 05/13

ベテルギウスはブラックホールになれない⁉

というわけで、ようやくブラックホールにたどり着きました。この宇宙のあちらこちらに存在しているはずなのに、その姿を見ることはできないブラックホール。その不思議で魅力的な天体について、現在わかっていることを紹介しておきましょう。

典型的には、重い星がつぶれて密度が無限大になったときにブラックホールになると考えられています。

太陽の数倍以上の質量をもつ重い星は、中心の核融合反応が進むと膨らみ、中心部では、炭素や鉄などがつくられます。ところが、鉄よりも重い元素はそれ以上重い元素になってもエネルギーを発することはありません。そうなると星は自らの重みによって次第に縮みはじめ、あるとき一気につぶれます。中心部がつぶれると星全体も中心に向かって縮みますが、中心で密度が異常に高まるために逆にはね返されてしまって、星が吹き飛びます。これが「超新星爆発」です。

このとき、質量が太陽の数倍程度の星は、中心部に中性子だけでできた中性子星ができますが、それよりも重い星は、中心核が自らの重力によって、さらにつぶれ続けていきます。こうして極限まで密度が増すと、ブラックホールができあがります。

太陽と同じくらいの質量の星は、ブラックホールにはなりません。燃え続けるうちに内部の温度と密度が上がる一方で、外側は膨張して表面の温度は下がり、第1章で紹介したように「赤色巨星《せきしょくきょせい》」という大きな星になります。さらに膨張すると表面の重力が弱くなり、自分のガスも引きとめることができなくなって、「惑星状星雲」と呼ばれる状態に。そして最後に中心は「白色矮星《はくしょくわいせい》」という燃えかすだけになり、ゆっくり冷え続けて輝きを失います。

「数倍」とか「数十倍」といった曖昧な表現をしてしまいましたが、どれくらいの質量があるとブラックホールになるか、まだ確定していないのでご容赦ください。まもなくその一生を終えるオリオン座のベテルギウスは現在、赤色巨星ですが、その質量は太陽の20倍。ブラックホールになるかどうかは微妙なところです。

ちなみに、リクツだけでいえば**太陽も地球も圧縮すればブラックホールになります。太陽の場合、半径約70万㎞のものを３㎞にすればいいし、半径約６４００㎞の地球を０・９㎜にできればブラックホールの完成。**でも、どう考えても無理そうです。

CHAPTER_3 06/13

ブラックホール第１号を発見したのは日本人

最初にブラックホールだろうと思われる天体が見つかったのは、「はくちょう座」です。

１９６２年、「はくちょう座」の首のつけ根から強いX線が観測され、「はくちょう座にあるX線を発する天体」という意味で、「はくちょう座X－１」と名付けられました。

普通の恒星はX線をほとんど発しません。その後の研究で、この天体のX線の強度が約1秒という短い周期で変化することなどから、東京大学宇宙研究所（当時。現・JAXA）の小田《おだ》稔《みのる》教授（1923〜2001年）らが、1971年に「はくちょう座X－1はブラックホールかもしれない」という論文を発表したのです。アインシュタインもその存在を否定していたように、これまでブラックホールが見つかるとは誰も考えていませんでした。それだけに、天文学会に衝撃が走ったことは、言うまでもありません。

さらに詳しく調べると、X線の発信源あたりには太陽の30倍ほどの質量をもつ9等星が見つかりました。これを観測してみると、5・6日という短い周期で何かに振り回されているような挙動をしています。何がこの重い恒星を振り回しているのか分析すると、質量は太陽の6〜20倍あるのに、直径が300㎞よりも小さいという、小さいのにすごく重い星だと考えられました。

この質量は、中性子星や白色矮星のそれを超えています。ということは、ブラックホール以外ありえません。つまり、恒星とブラックホールが連星になっており、恒星のガスがブラックホールに吸い込まれるときにX線を発していたのです。

もう少し説明しておきましょう。**ブラックホールによって、恒星からガスが吸い込**

太陽の30倍ほどの質量をもつ恒星（右）が、
ブラックホールである「はくちょう座X-1」に
吸い込まれる様子（イメージ図）。
恒星のガスがブラックホールに吸い込まれるとき、
「降着ガス円盤」を形成し、断末魔のようにX線を出す。
NASA/CXC/M.Weiss

まれるとき、ガスはすんなりブラックホールに吸い込まれるのではありません。**ブラックホールのまわりをぐるぐると回り、「降着ガス円盤」と呼ばれる円盤をつくります。ガス円盤はブラックホールに近いほど高速で回転し、摩擦が生じて光り輝くと同時にX線を発している**のです。ちなみに、降着ガス円盤は事象の地平線のギリギリ外側なので、ガスから発せられたX線はブラックホールの重力に捉えられる前に脱出することができます。

現在の研究では、はくちょう座X－1は、太陽の30倍の質量をもつ恒星が超新星爆発を起こした結果で、このブラックホールの質量は太陽の10倍ほどであると考えられています。

CHAPTER_3 07/13

星か、銀河か——じつはブラックホールでした

「はくちょう座X－1」がブラックホール候補の第1号になる前の1950年代から、強烈な電波を発する不思議な天体が観測されていました。何が不思議かというと、はるか遠くにあるはずなのに明るく見え、望遠鏡で見ても星か銀河か判別がつかないの

です。

オランダの天文学者マーティン・シュミット（1929年〜）は1963年、「3C273」と呼ばれるとても明るい天体について、そのスペクトルを調べました。スペクトルを分析すれば、その物質の組成や、近づいているのか遠ざかっているのかなどがわかります。第2章で説明した赤方偏移《せきほうへんい》（95ページ参照）から、「3C273」は、なんと光速の3分の1以上という、とてつもないスピードで遠ざかっていることがわかりました。しかも、その天体の明るさは太陽の10兆倍。重さは太陽の10億倍。なのに、そのサイズは太陽系よりも小さいのです。

「恒星のようでもあるが恒星ではないかもしれない」ということで「クエーサー（準恒星状天体）」と呼ばれるようになりました。日本では「準星《じゅんせい》」と呼ばれていた時代もあります。

その後の研究で、**クエーサーの正体は超巨大なブラックホールで、クエーサーが発する強いエネルギーは、巨大ブラックホールに吸い込まれる物質がつくる降着ガス円盤から噴き出しているもの**だろうと考えられるようになっています。

「3C273」は遠い銀河の中心にあり、とても強い電磁波を放出しています（はくちょう座X－1が出しているX線も電磁波の一種です）。このように**銀河中心部にあって強い電磁波を放射している領域を「活動銀河核」といいます。**活動銀河核は、その中心に巨大なブラックホールがあり、まわりの物質が吸い込まれるときに降着ガス円盤を形成して、そこから強い電磁波を発していると考えられています。電磁波だけでなく、まわりのガスを「ジェット」として噴き出しているものもあります。

こうした活発なブラックホール（活動銀河核）は、周辺のガスや星をどんどん吸い込んでいきます。2018年、オーストラリア国立大学の研究チームが122億光年先に見つけた巨大ブラックホールは、ケタ違いのスピードで物質をのみ込んでいました。太陽20億個分の質量をもつこのモンスターは、たったの2日で太陽1つ分の物質をのみ込んでいたのです。

CHAPTER_3 08/13

銀河の中心にはブラックホールがある

こうして続々見つかりはじめたブラックホールですが、その後の研究で、ほとんどすべての銀河の中心には、大きなブラックホールが1つあることがわかりました。もちろん、**天の川銀河の中心にもブラックホールがあり、「いて座A*（エースター）」と名付けられています。**

いて座A*のまわりを回る恒星たち

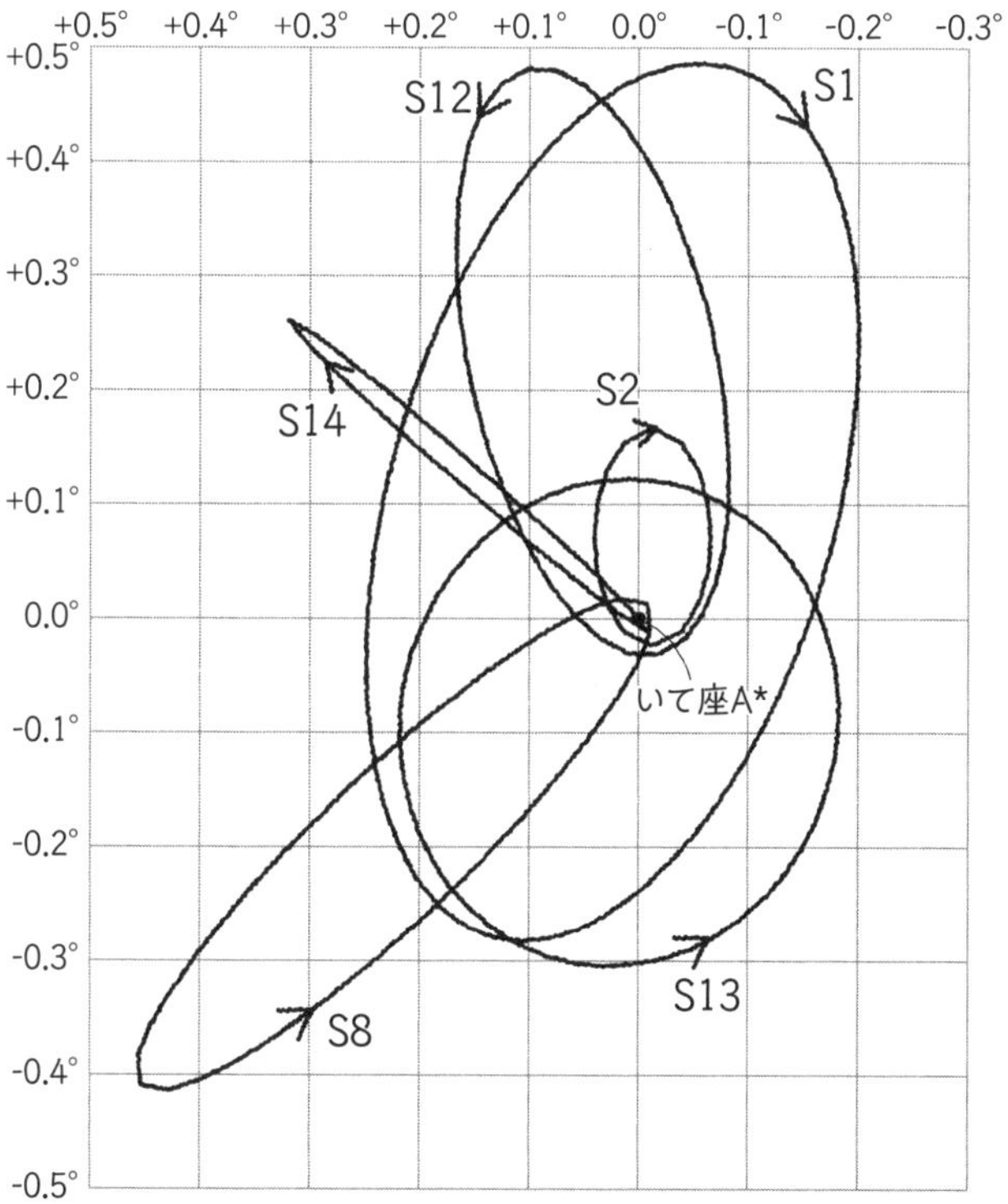

太陽系の惑星のように、
いて座A*を中心とする軌道を描いている。

Eisenhauer et al. 2005, ApJ, 628,246

こちらは「3C273」のように活発に物質を吸い込んではいないようで、強い電磁波を出しているわけではありません。明るく輝いていた星が、歳をとるにつれて膨張し、最期には爆発してしまうように、ブラックホールも激しく活動して光り輝く時期と比較的おだやかに過ごす時期があるようです。

クエーサーのように光を発していないのに「いて座A*」がブラックホールであることがわかったのは、周囲の星の動きからです。星々がまるで太陽のまわりを回る惑星のように、いて座A*を基準とした楕円の軌道を描いていたのです（133ページ参照）。そこから類推されたのは、これらの星々が太陽の400万倍という重力で振り回されているということ。そんなに重くて、しかも自らは輝いていない天体は、ブラックホール以外ありえません。

いて座A*がブラックホールだとはっきりしたのは、20年近く継続してまわりの星々の動きを観測した結果です。地道な観測とデータの解析、理論と精密な計算などを積み上げげて、見えないはずのブラックホールの存在を突き止めたのです。

銀河の中心に巨大なブラックホールがあって、星々はそれを中心とした軌道を描いている——。そう聞けば、銀河は巨大ブラックホールを中心としてできており、ブラックホールの重力がすべてを統率している、と思われるかもしれません。

たしかに銀河中心にあるブラックホールの質量と、星が密集している部分の総質量

銀河の中心にあるブラックホールの質量と銀河中心部にある星々の質量の関係

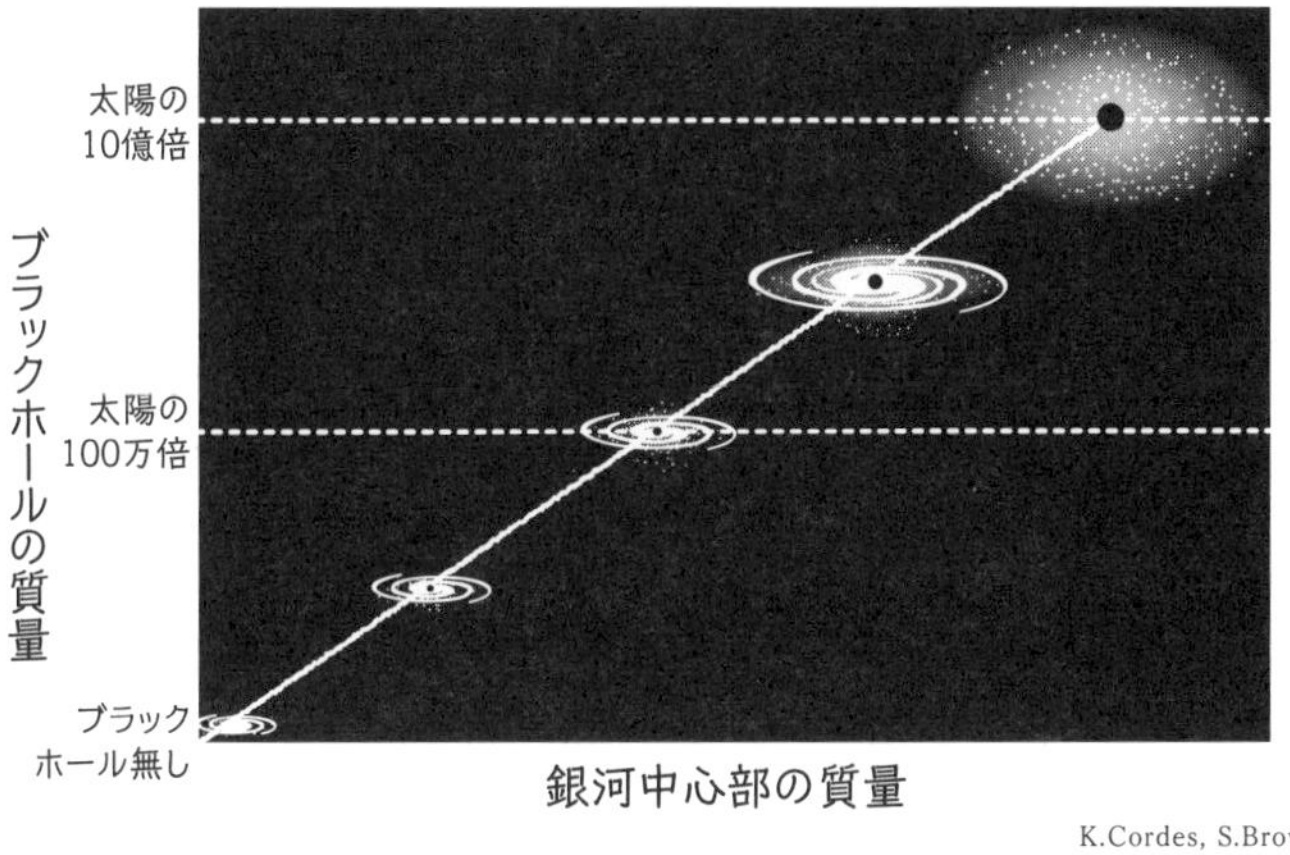

K.Cordes, S.Brown

は、比例とまではいえませんが、かなり強い相関関係があります（135ページ参照）。

ところが、いて座A*の質量は、太陽の約400万倍とはいえ、天の川銀河の質量の30万分の1程度。そう考えると、じつはたいしたことはありません。たとえると、広い部屋のなかにパチンコ玉が1個あるようなものです。真ん中にあるとはいえ、すべての星に影響を及ぼすとは考えられません。

それなのに、なぜ天の川銀河をはじめとする銀河の中心には、まるで神様に配られたかのように巨大ブラックホールが1個あるのか――。理由は必ずあるはずなのですが、まだ謎に包まれています。

CHAPTER_3 09/13

続々発見される超巨大ブラックホール

2015年、129億光年先の宇宙に、巨大なブラックホールが発見されました。太陽を基準として、質量が10倍以下のものを「恒星質量ブラックホール」、100万倍～1億倍のものを「大質量ブラックホール」「巨大ブラックホール」と呼んでいます。はくちょう座X－1は、太陽質量の10倍ほどなので恒星質量ブラックホール、いて座A*は太陽質量の約400万倍もあるので、大質量ブラックホールですね。ところが2015年に、太陽質量の120億倍という、まさにモンスター級の超巨大ブラックホールが発見されました。

研究者が驚いたのは、その大きさとともに古さです。宇宙ができたのは138億年前ですから、129億光年先ということは、たったの9億年で超巨大ブラックホールができたことになります（ちなみに太陽系ができたのは46億年前です）。

宇宙最初の星、「ファーストスター」（次章で詳しく紹介します）が誕生したのが、宇宙誕生から1億年たったころ。それが成長して、超新星爆発して、爆発で飛散した材料からさらに大きな星が生まれて——と繰り返していくわけですが、水素、ヘリウム、リチウムだけでできた軽い第1世代の星は宇宙の始まりのころだけに存在したと考えられるので、超新星爆発を何度も繰り返しているはずがありません。

しかも、この超巨大ブラックホールが星の残骸《ざんがい》から生まれたとすると、もとの星はとてつもなく大きかったことになります。当時の宇宙にも星をつくる材料はありましたが、大きく育てるためには大量の材料を1ヵ所に集めなくてはならず、9億年では時間が足りなかっただろうと思われるのです。

研究者たちは、ブラックホールが合体して大きくなったのだろう、いやいや、宇宙に最初から存在したのでは?、などいろいろな仮説を提起しましたが、決定的なものはありませんでした。

また、少し前後しますが、2011年には、チリのVLT望遠鏡によって、宇宙ができてから7億7000万年しかたっていないころのクエーサーが発見されました。その正体は、質量が太陽の20億倍という巨大なブラックホールだろうと考えられています。さらに2017年には、約131億光年先の宇宙に、太陽の8億倍の質量をもつブラックホールが観測されました。ビッグバンから6億9000万年しかたっていません。宇宙初期に生まれたブラックホールの成因についての謎は、深まるばかりだったのです。

2017年、我々東京大学と京都大学の研究グループは、スーパーコンピュータ・シミュレーションによって巨大ブラックホールができる仕組みを解明しました。普通の星では、核融合反応が進んで星が輝きを増せば、星の材料となるガスを吹き飛ばしてしまうので、それ以上大きくはなれません。しかし、宇宙の初期にはガスの流れが速いところがあり、その渦中ではガスが吹き飛ばされずに成長を続けることができるので、結果として太陽の何万倍もの質量をもつブラックホールができることがわかったのです。

それについては、次の章で詳しくご紹介しましょう。

CHAPTER_3 10/13

見えないはずのブラックホールを見るビッグプロジェクト

ブラックホールそのものは見ることはできません。ところが、そのブラックホールを見ようというプロジェクトがあります。事象の地平線のまわりに広がる光を電波観測で捉え、ブラックホールを影として見ようというもので、見えない部分があることで、ブラックホールの姿が黒く浮かび上がってくるはずです。

中心を担っているのがチリのアルマ望遠鏡。国際協力（もちろん、日本も参加しています）で運用されているアルマ望遠鏡は、人間の６０００倍の視力を誇りますが、それでもブラックホールを見るためにはさらに１００倍の解像度が必要です。そこでアメリカ、スペイン、フランス、ドイツなど世界中の他の電波望遠鏡も結集して、「見えないもの」を見ようというのです。目標は、もちろん天の川銀河の中心にある「いて座A*」です。

電波望遠鏡は、画像を撮影するのではなく、キャッチした電波を変換して画像にします。ただ、こういうと簡単そうですが、得られるデータは数字の羅列。そこからノイズを排除し、各拠点からもたらされたデータとつなぎ合わせて間違いのないものに

今回のプロジェクトで得られると想定される超巨大ブラックホールいて座A*の画像。
中心の黒い穴の部分がブラックホールの影に相当します。
Kazunori Akiyama (MIT Haystack Observatory)

するには、相当な時間がかかります。

今回の撮影で使用したハードディスクの容量は、アルマ望遠鏡分だけで１００万ギガバイト超。それだけ膨大なデータをアメリカとドイツでそれぞれ解析をして、答えを照らし合わせながら、慎重に進めていますから、時間がかかるのもわかるでしょう。

実際、撮影したのは２０１７年4月。それから1年半以上かかって、ようやく日の目を見そうです。

いままで、理論上はこうだろう、と考えられてきたブラックホール。物質をどのように吸い込んでいるのか、どのように降着ガス円盤が形成されているのか、わかる日がくるのです。

さて、次のターゲットはＭ87の中心にあるブラックホール（質量はいて座A*の１５００倍）と決まっています。Ｍ87はおとめ座にあり、地球からの距離は６０００万光年。口径が10㎝くらいの望遠鏡でも見えるので、まだ見ぬブラックホールに思いをはせてみるのもいいかもしれません。

アインシュタインの最後の宿題

2017年のノーベル物理学賞に輝いたのは、マサチューセッツ工科大学のライナー・ワイス教授ら3名。受賞理由はもちろん「重力波の観測」でした。LIGO《ライゴ》プロジェクトとその発展版のアドバンストLIGOは、総勢1000人以上の研究者やエンジニアが携わった壮大なプロジェクトです。日本人が研究に加わっていたこともあり、一時は重力波ブームのようになりましたが、一般の方にとっては難解だったようです。でも、この本をここまで読んできた方にとっては、さほどハードルは高くないでしょう。

重力波はアインシュタインの相対性理論で予言されていたものです。質量をもつ物質が動くと空間がゆがみ、それは波のように伝わるはずだ、というのです。

アインシュタインは、論文に「この波は小さすぎて見つけられないだろう」とも記しましたが、1980年代には間接的に存在が証明されていました。とある中性子連星（双子のような中性子星のペア）が、互いにだんだん近づいているのは、重力波による

重力波検出装置(LIGO)の仕組

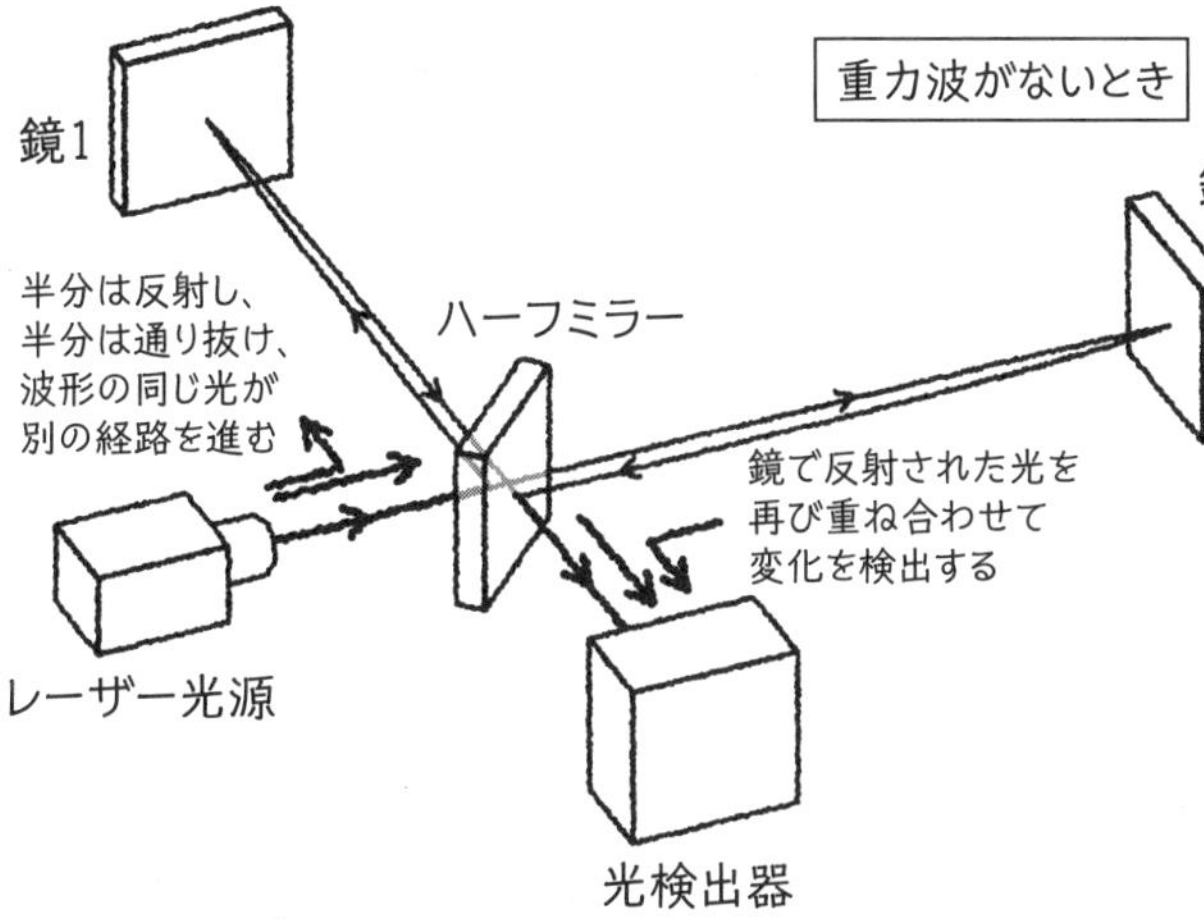

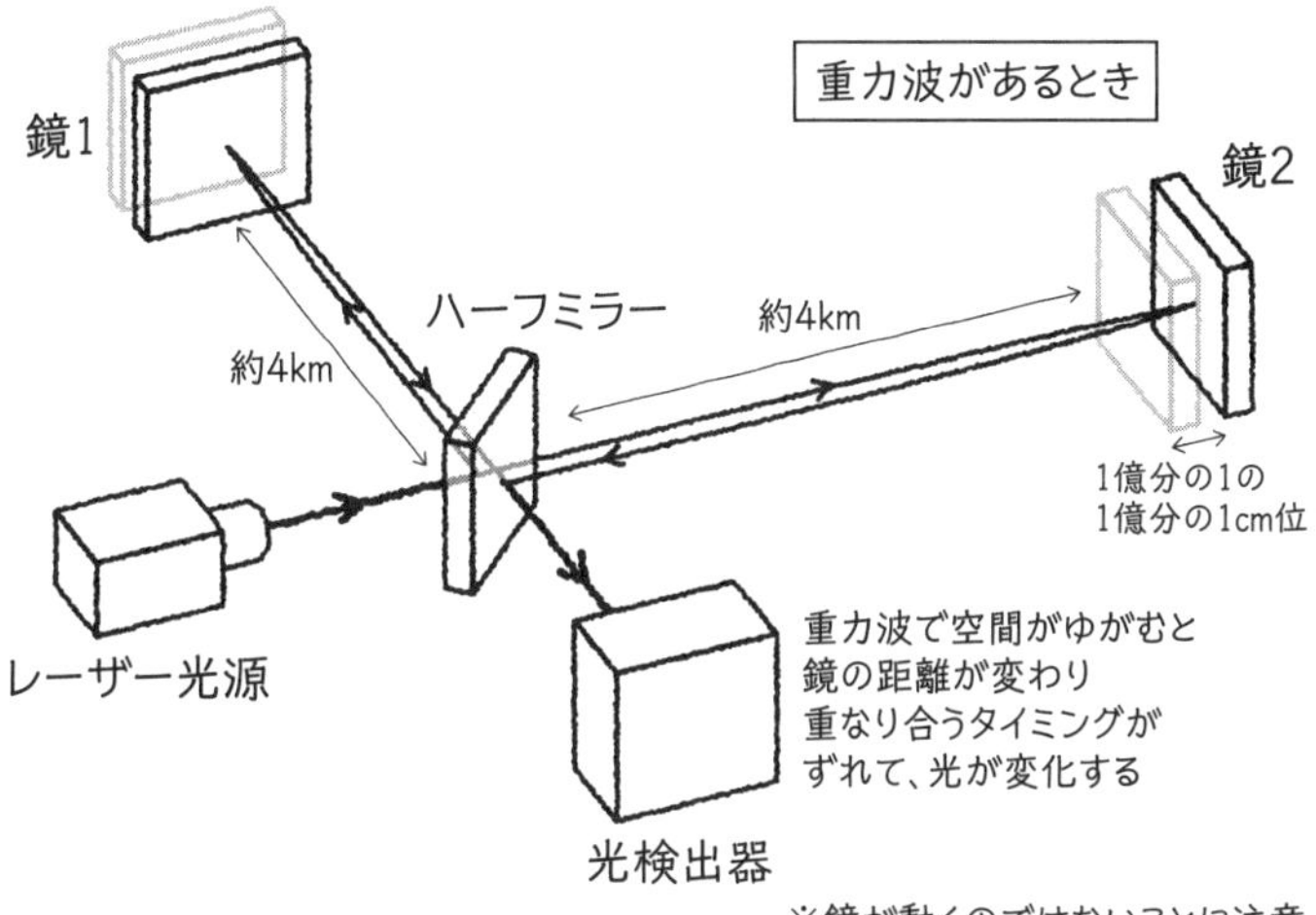

※鏡が動くのではないことに注意

ものに違いないと考えられたからです（なお、この中性子連星を発見した2人の研究者は1993年にノーベル物理学賞を受賞しています）。

間接的に重力波の存在が証明できたなら、あとは直接観測するだけです。でも、これが一筋縄ではいきません。何せ、重力波による空間のゆがみは原子の何千分の1というものすごく小さなものなのです。

2016年、重力波の直接観測に初めて成功したLIGOは、143ページの図のような仕組みになっています。長さ4㎞のパイプをL字形に設置。2本のパイプのなかで同時にレーザー光を発射し、先端に置いた鏡で反射させます。通常なら、レーザー光はパイプの交点に同時に到達しますが、もし重力波によって時空がゆがめられると、距離が変わってしまうので、レーザー光が到達するタイミングはズレてしまう、というものです。

輪ゴムを両手でビヨンと伸ばすと、伸ばしていないほうの幅は短くなりますね。LIGOで観測される重力波のイメージはこの輪ゴムようなもので、パイプの一方では距離が伸び、もう一方では縮んで観測されます。

しかも、時間とともにどのようにズレたかを分析すれば、その原因がブラックホールによるものなのか、中性子星によるものなのかなどがわかってしまいます。次ページの図は、実際にLIGOが重力波を捉えたときのデータですが、その波の振幅の大

重力波を検出する

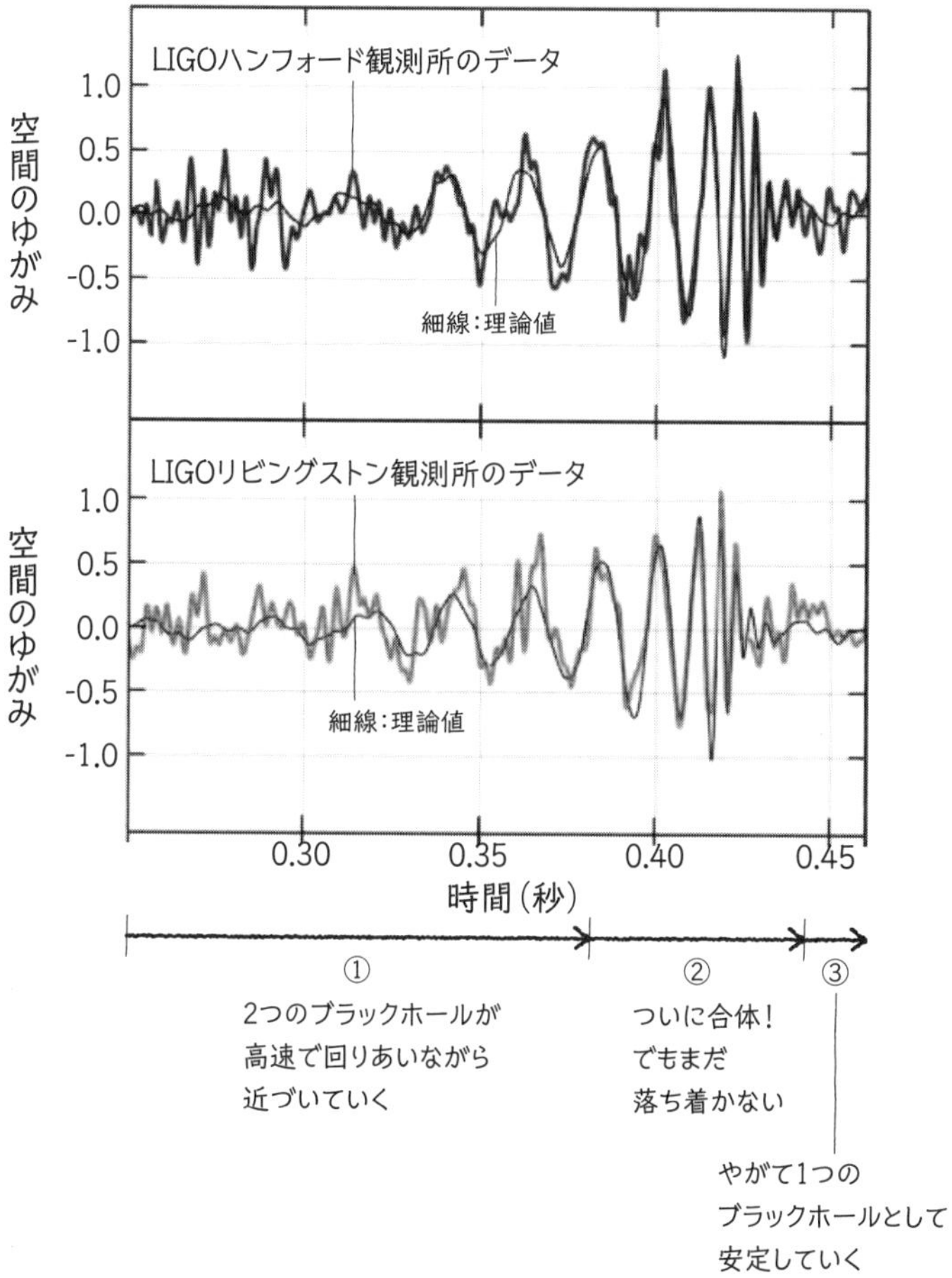
LIGOハンフォード観測所のデータ
空間のゆがみ
1.0
0.5
0.0
-0.5
-1.0
細線：理論値
LIGOリビングストン観測所のデータ
空間のゆがみ
1.0
0.5
0.0
-0.5
-1.0
細線：理論値
0.30
0.35
0.40
0.45
時間（秒）
①
2つのブラックホールが
高速で回りあいながら
近づいていく
②
ついに合体！
でもまだ
落ち着かない
③
やがて1つの
ブラックホールとして
安定していく

きさや頻度から、**太陽の36倍と29倍の質量をもつ2つのブラックホールが、光速に近い速さでお互いを回りあい、ついには1つの大きなブラックホールになった**ことを示しています。

また合体後のブラックホールは太陽の62倍の質量をもつこと、衝突時には太陽の3倍の質量に相当するエネルギーが、ほぼ一瞬で重力波として放出されたことがわかりました。

じつは重力波の研究をしていた研究者たちは、ブラックホールではなく中性子星の合体の痕跡を探していました。こんなに大きな双子のブラックホールがあるなんて、誰も思っていなかったのです。研究は、思いがけない発見があると大きく発展します。今回もこれをきっかけに、ブラックホールの研究が大きく進むでしょう。

日本では現在、東京大学がＬＩＧＯをしのぐ性能をもつ重力波望遠鏡ＫＡＧＲＡ《カグラ》を、岐阜県の旧神岡鉱山の地下に建設中。また欧州宇宙機関は、宇宙重力波望遠鏡ＬＩＳＡ《リサ》を２０３４年に打ち上げる予定です。これで、ブラックホールばかりでなく、宇宙の謎の多くが解明されることになるかもしれません。

ブラックホールは怖い？

地球が太陽のまわりを公転しているように、太陽も天の川銀河の中心を軸に公転しています。国立天文台によると、太陽系から天の川銀河の中心までの距離は2万6100光年。太陽は秒速240㎞で公転しており、約2億年で天の川銀河を一周します。地球の公転速度は秒速30㎞なので、太陽はその8倍もの猛スピードで動いていることになります。

天の川銀河の星々も、太陽と同じように高速で動いています。そのなかには当然、ブラックホールになってしまった星もあるでしょう。ブラックホールのような危険な存在が、動き回っていても大丈夫なのでしょうか。

基本的に天の川銀河の渦巻き状のかたちは、アンドロメダ銀河と衝突する（56ページ参照）までは維持されるでしょうから、恒星がてんでんばらばらな軌道を描いて地球に迫ってくることは、あまり考えられません。

ところが2017年、伴星《ばんせい》をもたず、天の川銀河の公転方向と逆行するような軌道をもつ「のらブラックホール」が観測されました。第1章で紹介した浮遊惑星のブラックホール版です。一見、これは怖そうですが、冷静に考えるとそんなに恐れる必要はないでしょう。

地球からいちばん近い恒星は4・3光年先のケンタウルス座アルファ星。光の速さで飛んでも4年以上かかるほど遠いのです。星が集まって銀河を形成しているわけですが、何もないところのほうが圧倒的に広いので、**ブラックホールと太陽や地球が衝突する確率は限りなく低い**と思われます。実際、星どうしが真っ正面にぶつかったという例は、まだ報告されていないのです。

例外は連星で、先ほど紹介したように、ブラックホールどうしが衝突した証拠が重力波として検出されました。でもこれはもともとペアになっている星なので、近づいたり合体したりということが珍しくありません。3重連星、4重連星も見つかっています。

ブラックホールに関して、ちょっとしたエピソードがあります。素粒子物理学を研究するCERN《セルン》（欧州原子核研究機構。101ページ参照）は、大型ハドロン衝突加速器を備えています。1990年代から10年以上かけて建設を進めてきたものですが、稼働直前になってにわかに市民団体から反対運動がわき起こりました。「ブラックホールが生まれて、地球がのみ込まれてしまったらどうするんだ」というのです。稼働停止を求める反対運動が起き、訴訟にまで発展しました。

実際、加速器でエネルギーを集中させると、理論的にはほんの一瞬、極小ブラックホールができる可能性も否定できないといいます。しかし、できる可能性はほとんどないし、できてしまったとしても、すぐに消えてしまい、量子レベルでしか影響がないでしょう。

でも、あまりの騒ぎに、ＣＥＲＮは「もしブラックホールが生まれたとしても、とても小さく、発生とほぼ同時に消滅するので、あなたの家まで行くことはありません」と安全宣言を出す羽目になりました。その後、裁判所は市民団体の訴えを退け、加速器は２００８年に稼働したのです。

この話には後日談があります。２０１２年、ＣＥＲＮは加速器のおかげで新しい素粒子――すべての物質に質量を与える「ヒッグス粒子」――を世界で初めて発見しました。世界中でトップニュースになったことは、みなさん覚えていらっしゃるでしょう。もし、裁判所の判断が違っていたら――。科学者と一般の方の関わりについて考えさせられる一件でした。

一方、ＣＥＲＮの加速器で、ブラックホールが生まれたという報告はまだないようです。

ブラックホールの末路

さて、「アインシュタインの最後の宿題」の答えは見つかりましたが、ブラックホールには、まだ多くの謎が残されています。

たとえば質量の分布です。質量が10倍以下のものを「恒星質量ブラックホール」、100万倍〜1億倍のものを「大質量（巨大）ブラックホール」、10億倍以上のものを「超巨大ブラックホール」と呼ぶことはすでに説明しましたが、質量が太陽の1000〜1万倍の「中間質量ブラックホール」があまり発見されていないのです。

星が次々生まれている銀河の中心で、恒星質量ブラックホールがたくさん生まれ、それらが合体して巨大ブラックホールになったと考えられていますが、それなら、その途中段階の中間質量ブラックホールも発見されるはずです。

もしかしたら、重さの大きく違うブラックホールは、名前こそ同じ「ブラックホール」ですが、進化の過程が違うのかもしれません。ブラックホールの進化は、人間の赤ちゃんが大人になるようなものではなく、もともと体格の違うリスザルとゴリラのようなものである可能性もあるのです。

そのあたりの謎を解き明かすため、専門家たちは中間質量ブラックホールの研究を懸命に進めています。じつは、先ほど紹介した「のらブラックホール」は、慶應大学の大学院生らが発見したもので、本当にブラックホールだとしたら世界で初めて観測された中間質量ブラックホールということになります。

では、これらのブラックホールは、将来的にどうなってしまうのでしょうか。

ブラックホールの容量は無限大なので、まわりのガスや星を次々にのみ込み、やがて宇宙はブラックホールと燃え尽きた白色矮星だけになる、という研究者もいます。

一方、イギリスの物理学者スティーヴン・ホーキング（１９４２〜２０１８年）は、１９７４年に「ブラックホールはやがて蒸発する」という説を出しました。

ブラックホールの事象の地平線付近では、量子力学的に見ると「真空のゆらぎ」があり、粒子と反粒子が生成と消滅を繰り返しているはずだ。生成された粒子と反粒子は、一方は事象の地平線内へ、他方は外へ放出される。そのためブラックホールは放射（「ホーキング放射」）を続け、いつかは蒸発（「ブラックホールの蒸発」）してしまう、というのです。

もっとも、これはあまたある仮説のひとつにすぎず、実証されていないので真偽のほどはわかりませんが。

宇宙の未来については、第5章で紹介するダークマターとダークエネルギーも大きく関わっているので、あとであらためて紹介しましょう。

［第4章］

モンスターブラックホールの謎を解く

「宇宙の謎」は実験では解けない

自然科学の研究では多くの場合、「ある仮説をもとに実験を行い、得られた結果によって、それを検証する」のが基本です。あるいは「観測された結果に基づいて仮説を立て、それが正しいかどうかを検証」していきます。

ガリレイは、ピサの斜塔から落とした重さの異なる2つの重りが同時に地面に到達することから、「重い物体は、より速く落下する」としたアリストテレスの間違いを指摘した（この実験は、実際には行われていないという説もあります）し、パリのパンテオンでレオン・フーコー（1819〜1868年）が行った振り子の実験は、地球が自転していることを証明しました。

また、デンマークの天文学者ティコ・ブラーエ（1546〜1601年）が残した膨大かつ詳細な観測記録から、ドイツの天文学者ヨハネス・ケプラー（1571〜1630年）は、「惑星は太陽を中心とした楕円《だえん》軌道を描く」というケプラーの法則を見いだしました。

ただ天文学に関しては、観測はできても実験はなかなかできません。可視光だけでなく、電波やX線、重力波などさまざまな手段での観察が可能になっていますが、それだけでは限界があるのです。たとえば、「宇宙の暗黒時代」（最初の星が生まれて宇宙に光がともされるより前）の宇宙の姿を見ることは、いまはできません。２０１８年現在、距離を正確に測定できた最も遠い天体（つまり、最も昔の天体）は、アルマ望遠鏡によって撮影された１３２・8億光年彼方《かなた》の銀河。つまりビッグバンから5億年ほどしかたっていないころの天体の姿です。宇宙創成までもう一息ですが、この「ラストワンマイル」がたいへんなのです。

その向こうに潜む謎――「ビッグバンのあと、宇宙はどうなったのか？」「最初の星は、いつどのように生まれたのか？」「宇宙初期の巨大ブラックホールは、どうやって生まれたのか？」といった謎の答えは、想像するしかありません。

もちろん、単に想像するだけなら簡単です。が、我々宇宙物理学者はSF小説を書いているわけではないので、その想像が説得力をもち、これまでの理論や観測結果と矛盾しないようにしなければなりません。火星にタコのような宇宙人を登場させるわけにはいかないのです。

そこで、とても有効となるのが、コンピュータ・シミュレーションです。ニュートンは電卓の助けなしで微分積分法を確立したし、アインシュタインは複雑な相対性理論を手計算でノートに書き付けていました。でも、謎が数多くある現代天文学では、さまざまな計算を素早く処理しようとしたら、コンピュータの助けが必要です。

コンピュータ・シミュレーションの精度は年々、飛躍的に向上しています。身近な例でそれを実感できるのが天気予報でしょう。1980年代半ばの24時間の予報誤差は、現在の3日間の予報誤差と同じ程度。最近では台風の進路もより正確に把握できるようになっています。

それを可能にしているのが、コンピュータ自体の性能向上に加えて、解析手法の進化、観測データの精度向上、数値予報モデルの精緻化などです。たとえば地球全体をカバーする全球モデルでは、地球を20㎞間隔の格子で区切り、それぞれを高度を少しずつ変えて100層のデータを採取しています。1980年代には、これが14倍も粗い280㎞、12層だったので、圧倒的な差だということがわかるでしょう。そのおかげで、2009年からは台風の5日間予報（従来は3日間）が可能となりました。

天気予報のシミュレーションで気温や湿度、降水量、気圧などのデータを収集・解析しているのと同じように、宇宙に関するシミュレーションでは宇宙空間に存在する物質とその量、物理法則などを詳細に設定し、コンピュータ上で再現していきます。現在、何が起きているかだけではなく、遠い将来の宇宙の姿や、過去に何が起きたかも、ある程度の確度をもって推測することが可能になりつつあります。

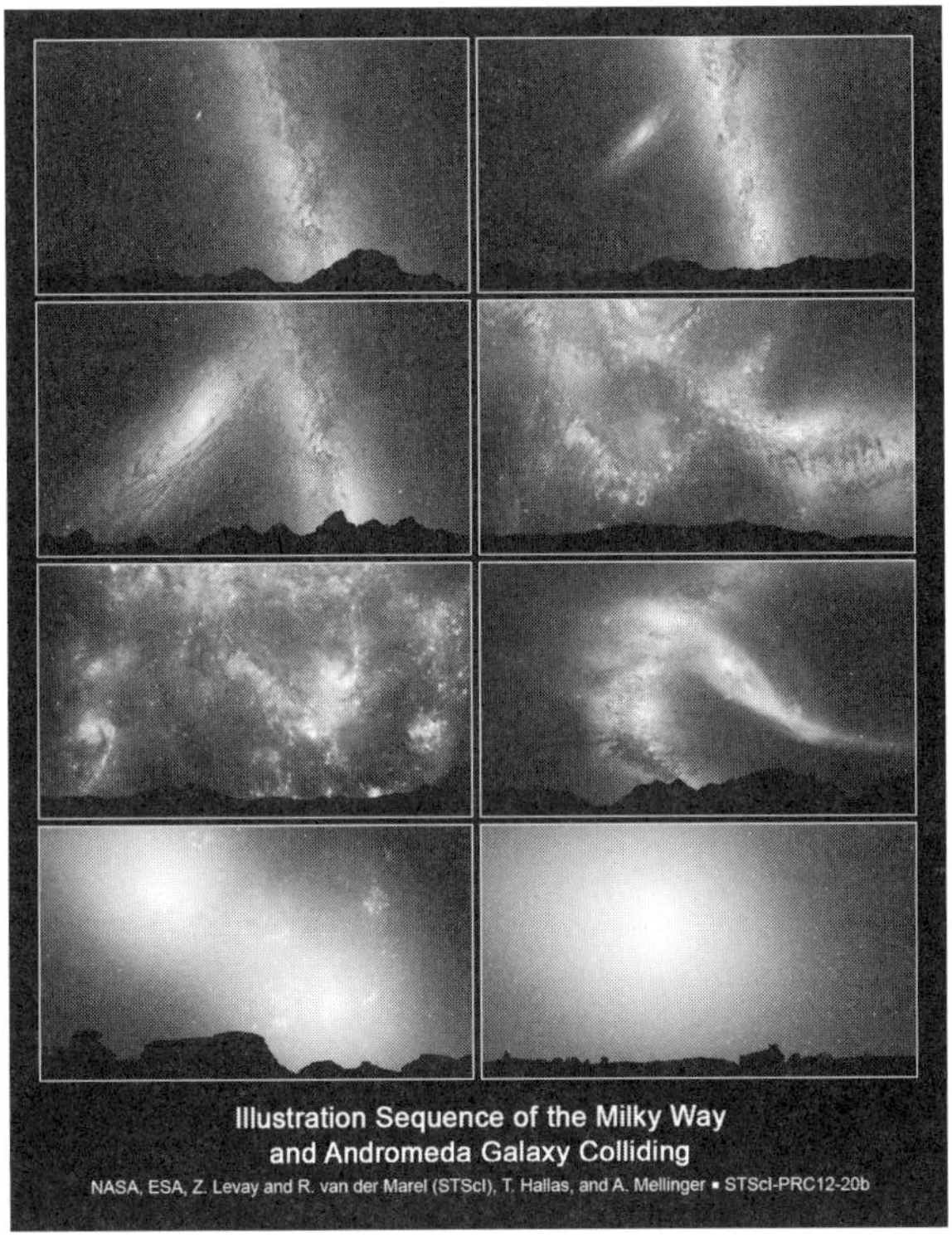

天の川銀河とアンドロメダ銀河との衝突のシミュレーション
1段目左：現在
1段目右：20億年後、左からアンドロメダ銀河が近づいてきます
2段目左：37億5000万年後まで、アンドロメダ銀河が視界を埋め尽くします
2段目右：38億5000万年後までは、星間ガスどうしがぶつかって次々と新しい星が生まれます
3段目左：39億年後までのあいだ、さらに盛んに星の形成が続きます
3段目右：40億年後までに、アンドロメダ銀河は伸び、天の川銀河は変形します
4段目左：51億年後までに、アンドロメダ銀河と天の川銀河の核は明るく輝きます
4段目右：2つの銀河は70億年をかけて合体し、楕円銀河を形成します
NASA; ESA; Z. Levay and R. van der Marel, STScI; T. Hallas, and A. Mellinger

たとえばＮＡＳＡは天の川銀河とアンドロメダ銀河が約40億年後に衝突する見通しだといいます。そして、そのときに両銀河がどうなるのか、シミュレーションの結果を掲載しています（前ページ参照）。

もっとも、これが合っているかどうか、確かめるには40億年待つしかありませんが。

CHAPTER_4 02/09

宇宙は〝汚染〟されている⁉

コンピュータ・シミュレーションで、過去と将来の宇宙の姿を再現することが可能だと書きました。でも、問題はその精度です。天気予報は地球に関することなので、かなり詳細なデータを取り、将来予測をすることができますが、宇宙に関しては、なかなかそうはいきません。

たとえば銀河のかたち。天の川銀河は横から見ると凸レンズ型をしており、上から見ると渦巻き型をしています（宇宙には横も上もありませんが、便宜的に）。渦巻き構造の見られない楕円型の銀河や、形が乱れてしまっている銀河もあります。ぼくはその美しさに魅せられて天文学に興味をもったのですが、それぞれの銀河がどうしてこのような形になったのか、今後どう形を変えていくのかなどについては、まだよくわかっていません。

　こういうときこそ、コンピュータの出番です。では、ある銀河をシミュレートしてみましょう。

　まず、一つひとつの星の重力を計算しなければいけません。標準的な銀河には１５００億〜２５００億の星があるといわれているので、それぞれの質量から重力を割り出します。見えないけれど惑星も存在するはずなので、それも考慮しなくてはいけません。天体の磁場、宇宙空間に漂う塵《ちり》、宇宙線などなど、すべてに対して正しい数値を入力してやれば、コンピュータ上で銀河系が再現できるはずです。

　ところが、そう簡単にはいきません。２０００億個もの星に働く重力などを、一つひとつ正確に計算するには膨大な時間がかかりますし、考慮すべき要素が多すぎるからです。そのため現段階では、いわば「最も重要で本質的な事柄を、なるべく正確につかむ」というアプローチをしています。

　宇宙に関するコンピュータ・シミュレーションは１９７０年代から本格化しています。この約50年間でコンピュータの性能は飛躍的に進化しているし、宇宙に関する理解も深まっています。なのになぜ、たとえば銀河の姿をそのままコンピュータ上に再現するのが難しいかというと、ひとつには宇宙が〝汚染〟されていることがあります。

〝汚染〟といっても、壊れた人工衛星などのゴミが宇宙空間を漂っているようなことを指しているのではありません。原始の宇宙には水素やヘリウムといった軽い元素しかありませんでした。しかし、現在の宇宙――たとえば地球には鉄やケイ素、マグネシウムなどがあります。宇宙のあちこちで超新星爆発があった結果ですが、研究者たちはそれを〝重元素《じゅうげんそ》汚染〟と呼んでいるのです。

ぼくは、この言葉を聞くたびに、「ひどい言葉だな」と思います。重元素がなければ、地球もぼくたちも生まれなかったのですから。むしろ、「重元素補給」とでも名前を変えてほしいと半ば本気で思っています。

次ページの図は、初期宇宙にあった元素と、現在の地球や人体に含まれている元素を表しています。地球にある多くの元素も、ぼくたちの身体を構成している元素も、「重元素補給」によって生まれたものなのです。

さて、第2章の宇宙創世記で簡単に説明したように、宇宙はビッグバンから38万年後に「晴れ上がり」を迎え、光が真っ直ぐ進めるようになりました。が、最初の星が輝きはじめるまでには、さらに数億年かかったと考えられています。この宇宙で最初の星、「ファーストスター」には、ある特徴があります。星の材料がまだ〝汚染〟されていないのです。

水素やヘリウムという材料にダークマターという重力、ガスの流れ方など、すでに

初期の宇宙は"きれい"だった!?

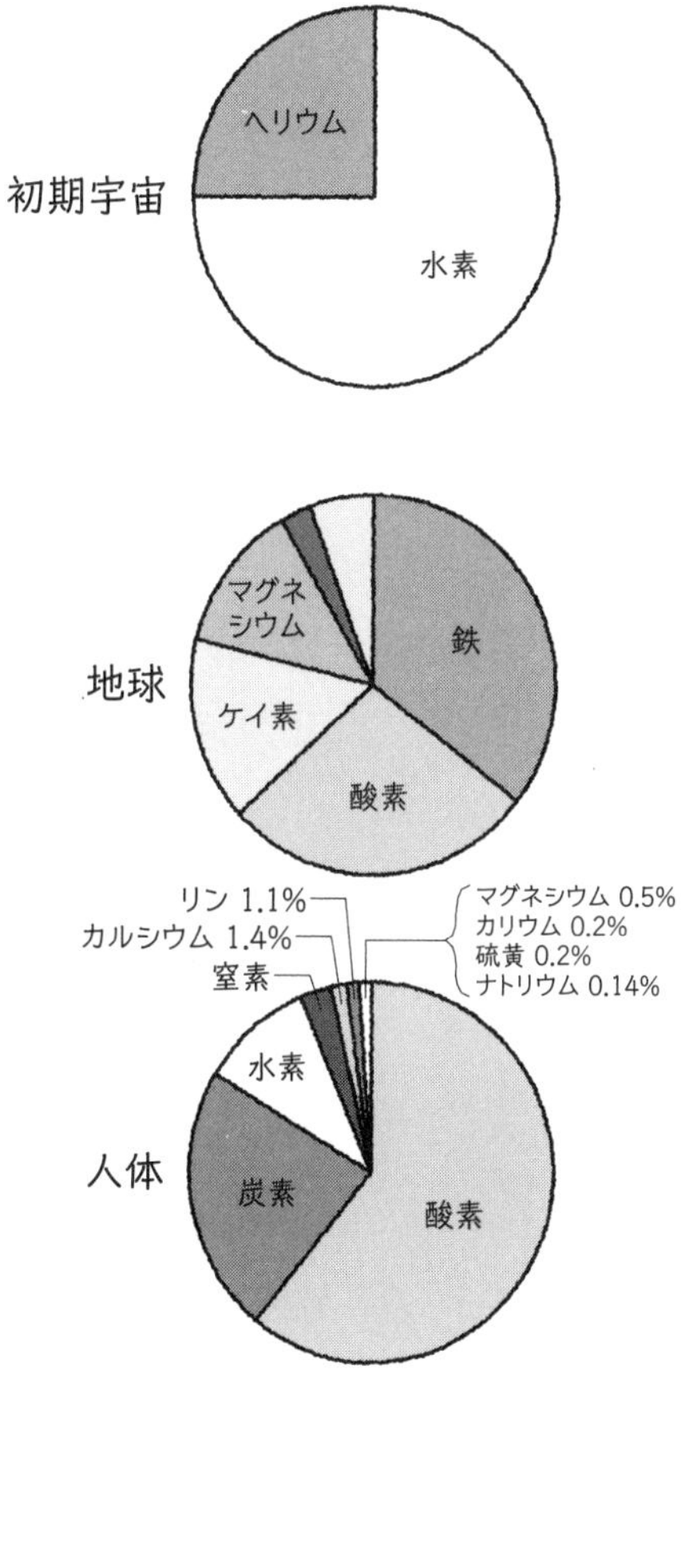

わかっている物理法則を入れ込めば、ファーストスターがどのようにできて、どんなものであったか、ほぼ正確に再現することができるのです。ファーストスターの謎が解明できれば、太陽など現在ある天体に対する理解も深まるでしょうし、生命の謎を解き明かすことにもつながっていきます。宇宙の謎の大部分が、ファーストスターと関連しているといっても過言ではないでしょう。
そこでぼくは、2001年ころからファーストスターのシミュレーションに取りかかりました。その結果、何がわかったか、エッセンスを紹介しておきましょう。

CHAPTER_4 03/09

「ファーストスター」を再現する

ひと口にコンピュータ・シミュレーションといっても、対象としているものや目的などによってさまざまな種類があります。たとえば航空機や自動車の挙動を再現するフライト・シミュレーター、ドライブ・シミュレーターなどはなじみが深いでしょう。「ファーストスター」誕生までの過程を知るためには、「重力N体《エヌたい》シミュレーション」を使います。水素、ヘリウムなど質量のある物質を〝粒々《つぶつぶ》〟(質量粒子)で表し、その

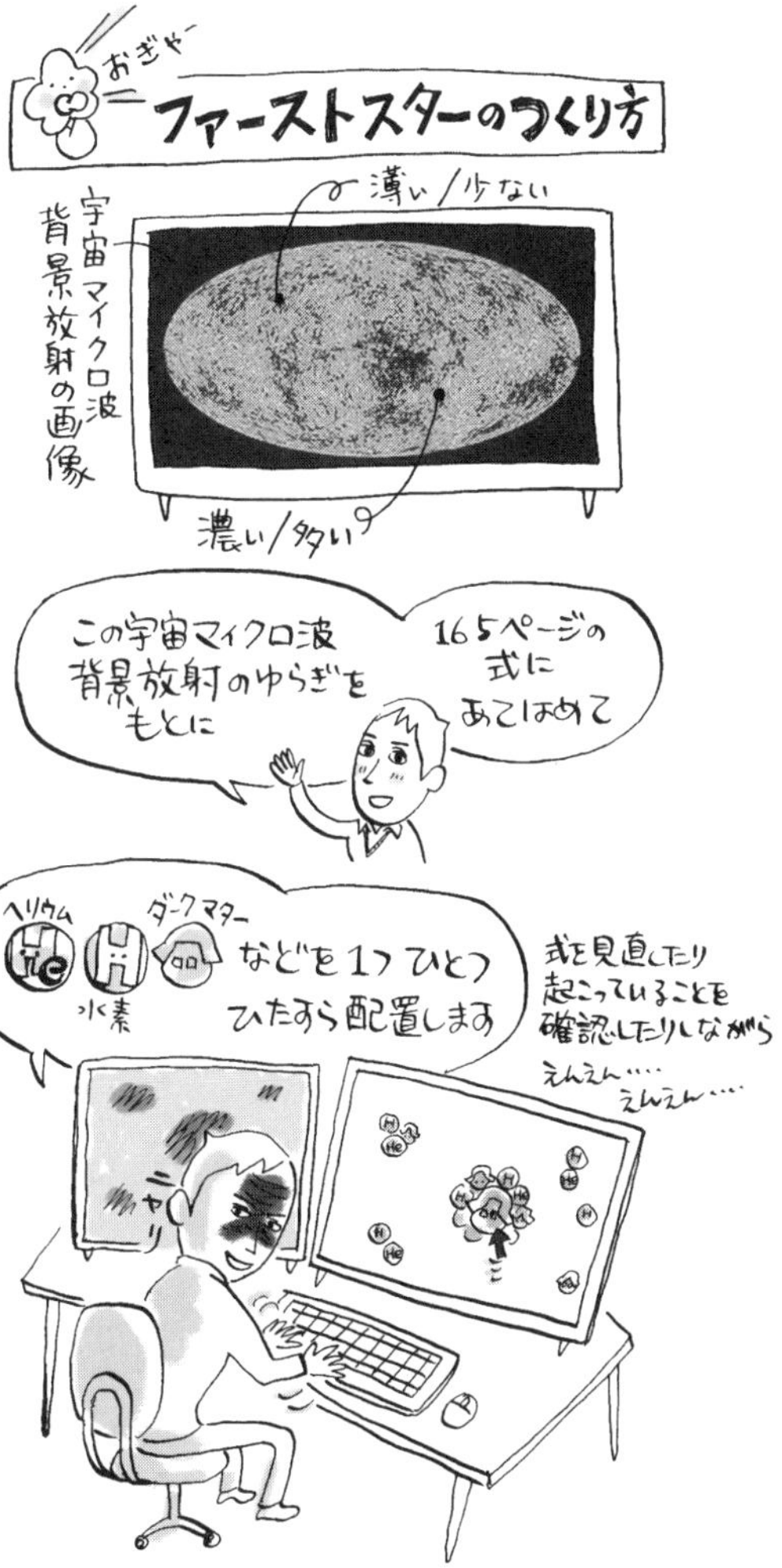
おぎゃー
ファーストスターのつくり方
宇宙マイクロ波背景放射の画像
薄い／少ない
濃い／多い
この宇宙マイクロ波背景放射のゆらぎをもとに
165ページの式にあてはめて
ヘリウム
水素
ダークマター
などを1つひとつひたすら配置します
式を見直したり起こっていることを確認したりしながら
えんえん・・・
えんえん・・・
ニヤリ

相互作用を計算で調べていくのですが、その粒々をいくつ置いたかを一般に「N個」「N体」と表現するので、この名が付きました。

まだ星がない「宇宙の暗黒時代」には、水素やヘリウムの「ガス」と「ダークマター」が薄く漂い、ビッグバンの名残である「弱い電磁波」が飛び交うだけだったと考えられています。そして、ガスは一様に広がっていたわけではなく、少しだけ濃い部分も薄い部分もありました。つまり、第2章の宇宙マイクロ波背景放射で説明したゆらぎ（98ページ参照）があったわけです。その濃淡に従って、コンピュータ上にダークマターとガスを粒々として配置していきます。

その粒々に、重力が働いて変化します。密度の高かったところはより高くなり、密度が低かったところはより低くなります。宇宙は膨張していきますが、局所的に見ると塊がたくさんできてきます。

物質の動くメカニズム、つまり物理現象は宇宙のどこにいても同じように働きます。状況によって入る値《あたい》（質量や距離など）は変わり、起こる現象は違ってきますが、大きな天体でも、ぼくたちの身体や昆虫でも、司る法則は同じなのです。

ということで、宇宙全体に通用する方程式を入れていきます。そのうちのいくつかを具体的に示すと165ページのようなものです。ちなみにこの式を覚える必要はまったくありませんので、ご安心ください。

実際に入れていく方程式

どんな方程式を解いていくのか

$$H^2(z)/H_0^2 = \Omega_m(1+z)^3+(1-\Omega_m)\,e^{3\int_m^z d\,\ln(1+z')[1+\omega(z')]}$$

宇宙全体の膨張（空間の伸び）

$$\frac{\partial f}{\partial t}+v\cdot\nabla_x f+\frac{F}{m}\nabla_v f = 0$$

密度ゆらぎ（ものの集まり具合の成長）

$$\frac{\partial u}{\partial t}+Hu+\frac{1}{a}(u\cdot\nabla)u = \frac{1}{a}\nabla\Phi$$

ガスの振る舞い（流体力学）

$$H_2+H^- \rightarrow H+H_2+e \quad He+e \rightarrow He^+ + 2e^-$$

化学反応

$$f_{rad}(n) = \frac{X_{HI}}{m_p c}\int d\Omega\int_{\nu_L}^{\infty_L} d\nu I_\nu \sigma_\nu \cos\theta$$

輻射輸送

$$\frac{du}{dt} = -\frac{P}{\rho}\nabla\cdot v-\frac{\Lambda(u,\rho)}{\rho}$$

エネルギー方程式

覚える必要はありません！

一般向けの講演会でこの方程式を紹介したとき、「自然現象って、足し算やかけ算で表すことができるんだね」とつぶやいた少年がいましたが、まさにそのとおり。**星の運行などの自然現象は、なんらかの物理法則に従っており、それは数式で表すことができる**のです。

CHAPTER_4 04/09

原始星は「ぷよぷよ」だった

それまでのコンピュータ・シミュレーションでは、たとえばまず星ができるというゴールを決め、初期状態からゴールまでの過程でどう変化するかについて検討していました。一方、ぼくたちのアプローチはまったく違います。一つひとつの粒に起こる重力相互作用や化学反応、電磁波との相互作用などの方程式を入力して、時間の進化を逐一計算しました。そして、一番星が自然に生まれるのを「観察」したのです。

コンピュータ上では、もやもやの状態から、物質がだんだん集まってきますが、最初は粒と粒が重力で引かれ合うだけです。ところが、1億年近くたち（もちろんコンピュータ上の話です）、材料が集まってくると、ガスの温度が高くなります。そうなると、圧力が重要になり、さらに時間を進めると化学反応が起こりはじめます。当然、それらに対応する方程式は最初から組み入れてあります。

ただ、研究の途中で新たにわかる要素もあり、当初は想定できなかった化学反応が起きることもあります。そうすると、それに対応する式を入れて、最初から計算しなおさなければいけません。こういうことが何度も起こりますが、めげずに作業を続けます。

やがてダークマターの重力によって、まわりのガスはさらに集まってきます。最初にあった濃淡はさらにはっきりし、編み目のような模様ができてきます。この編み目構造は、105ページで紹介した宇宙の大規模構造と似ていますね。それもそのはず、ある小さな部分の宇宙の構造は、宇宙の大規模構造の縮尺版でもあるのです。

その編み目の節《ふし》にあたる部分（次ページの画像の○で囲んだ部分）に「星のゆりかご」ができはじめます。

これを、さらに詳しく見てみましょう（170ページ参照）。ビッグバンから3億年ほどたったとき、宇宙で最初にできる天体は、太陽質量の100万倍ものダークマターの塊「ダークマターハロー」（ダークマターの雲）でした。そのダークマターハローの重力に、ガスが引き寄せられてきます。引き寄せられたガスの量は太陽質量の20万倍。温度は1000度です。

コンピュータシミュレーションで再現した
宇宙年齢3億年ころの物質の分布

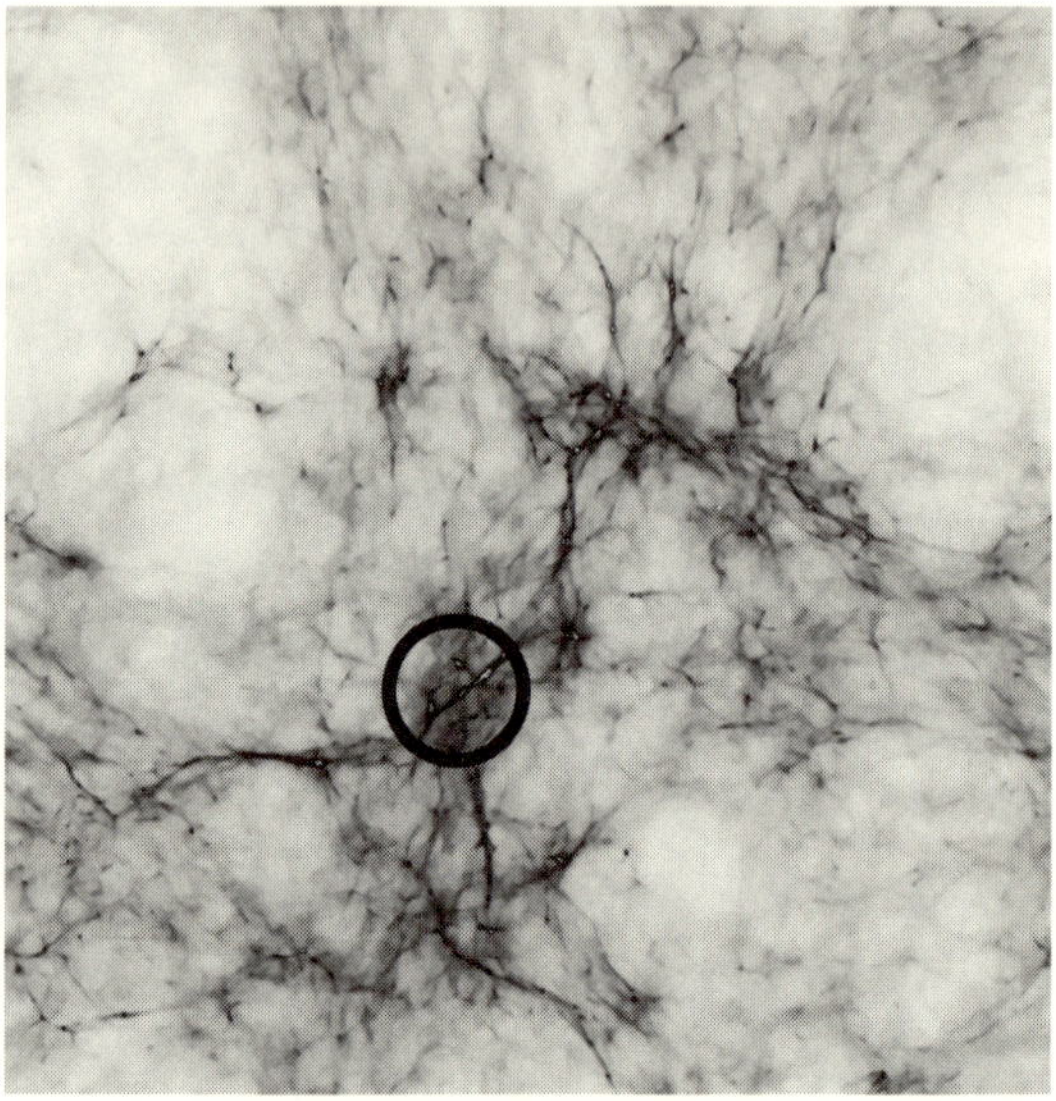

色の濃い部分にガスが集まっており、
「星のゆりかご」ができはじめている

ダークマターハローの中心では、星のゆりかごである濃いガス雲「分子ガス雲」がつくられます。分子ガス雲は、ガスの圧力で自分の重力を支えられず、暴走的に収縮が起こります。ガス雲ははじめに少しだけある方向に回転する勢いをもっていたので、収縮するとともにゆっくりと回転しはじめます。

やがてガスは薄い円盤をつくり、回転しながらさらに中心に集まります。分子ガス雲の中心では、「分子雲コア」と呼ばれるガスの塊が生まれ、中心の温度は２万度近くまで上がり、密度も高まります。

中心部は高温・高密度になり、やがて赤外線を放出しはじめます。小さな小さな星の赤ちゃん「原始星」が生まれたのです。

ここで生まれた原始星の質量は、太陽のたった１００分の１ほどしかありません。中心の温度は１万度を超え、密度は１立方㎝あたり０・００１グラム程度で、水と空気の中間くらいです。きっと、ぷよぷよしていたでしょう。

赤ちゃん星は、大量の温かいガスに包まれています。生まれたばかりの赤ちゃんが、温かくやわらかいタオルに包まれているような感じです。ぼくは、ずっと星の赤ちゃんを育てていたようなものなので思い入れが強くなり、そんなふうに感じました。

現在の宇宙で観測されている原始星も、このシミュレーションと同じような経過をたどっていると考えられていますので、星というのは宇宙のどこでも同じような段階

赤ちゃん星ができるまで

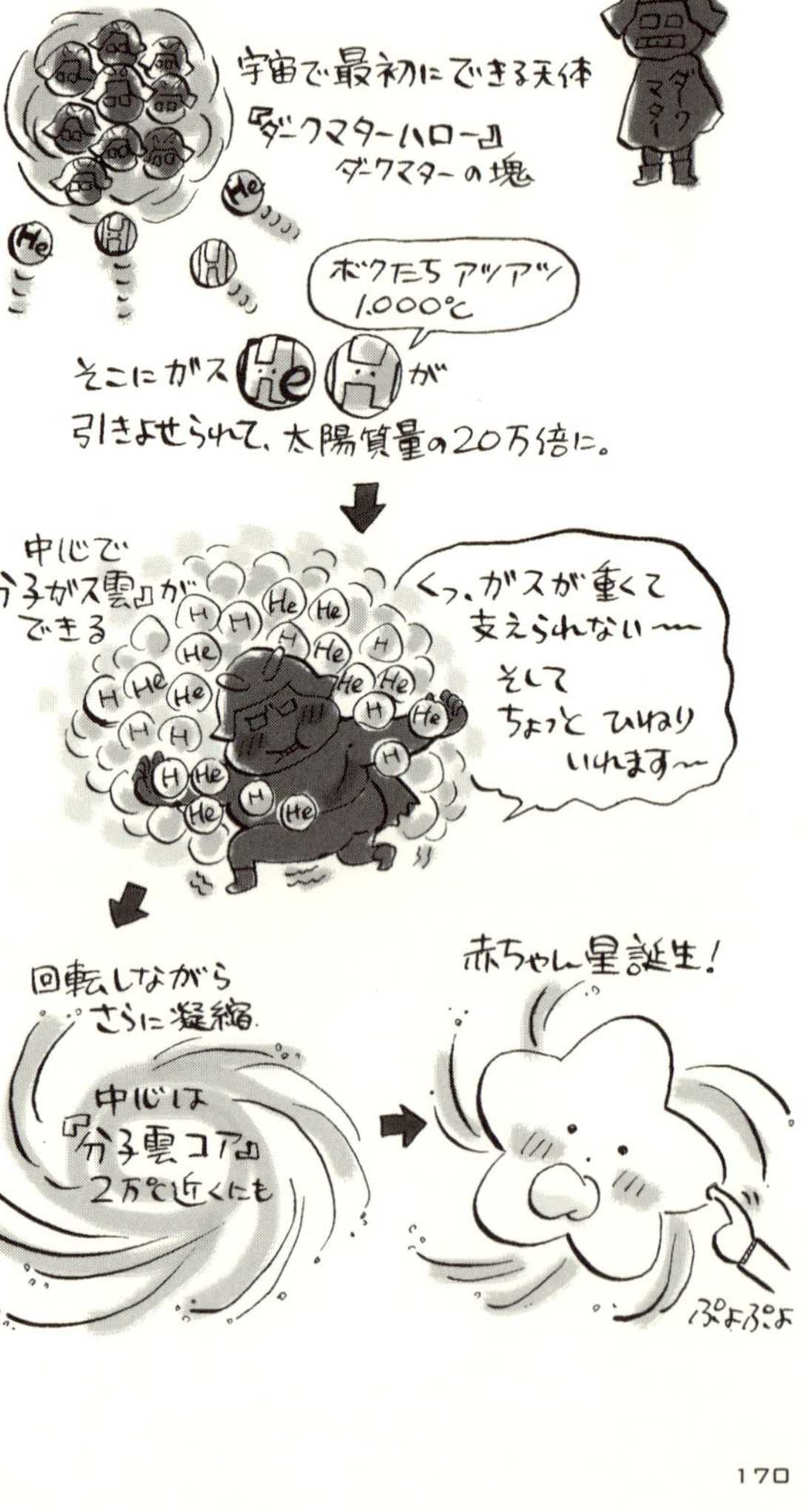

を経て誕生するのかもしれません。

CHAPTER_4 05/09

原始星から一人前の星へ

ぼくたちは、その後の赤ちゃん星の成長を、コンピュータ上で10万年にわたって追跡しました。その成長の様子はとてもダイナミックで、驚きに満ちたものでした。

赤ちゃん星のまわりには、太陽の１０００倍もの大量のガスがありました。赤ちゃん星は自らの重力によって、このガスをどんどん集めて大きく成長していきます。このまま巨大な星になるかと思われましたが、その予想は裏切られました。

太陽質量の１００分の１ほどだった原始星は、太陽の20倍ほどの重さになったとき、核融合反応を始めて、太陽の10万倍もの明るさで輝きはじめました。この光がまわりのガスを温め、ガスが星に降り積もる（降着といいます）のを妨げたのです。とうとうガスは星の外側に流れるようになり、星の成長は止まりました。そして、太陽の40倍ほどの重さの星が残されました。

これまで、初代の恒星は太陽質量の数百倍という巨大な星になるのではないかと考えられていました。ところが最新の研究によると、どうやらそうではないようです。銀河に存在する最も古い星々を観測すると、初期の星が死を迎えて超新星爆発を起こしたときに撒《ま》き散らされる元素の量を知ることができます。その元素の量から、宇宙最初の星は、太陽の数十倍だったことが示唆されているのです。ぼくたちの研究は、この観測結果とも一致するものです。

また、この星の表面温度はとても熱く、10万度近くにもなります。宇宙を明るく照らし出すだけでなく、冷え切った宇宙空間を暖めていることもわかりました。

さらに、初代の恒星が超新星爆発を起こす様子も描き出されました。爆発することによって、膨大なエネルギーを解放し、星の中心部の核融合反応によって生まれた重い元素をあたりにばらまきます。鉄や炭素、ケイ素を含んだガスが、秒速1００～1０００㎞ものスピードで吹き飛ばされています。

このようにしてばらまかれた元素が、太陽や地球といった現在の天体だけでなく、人間の身体を構成していることは、すでに説明したとおりです。

じつは、宇宙初期の密度ゆらぎが天体の形成につながることを示したシミュレーションは、ぼくたちの研究が世界で初めてでした。これまでは、宇宙の最初にできるものは星なのかどうか、星だとしてもどのような星がいつごろできるのかということもわかっていなかったのです。

初代"おとなの"恒星
初代恒星は太陽質量の数百倍はあったんじゃないかな
そだね
えーそうかなあ
ふむ 検証してみよう
Dr.Y
赤ちゃん星
太陽質量の 1/100倍
まわりのガスを引きよせ(降着)、大きくなる
核融合はじめました
20倍
光と熱ではねかえされる
また少しは降着できる
35倍
熱いヤツに成長! 10万℃
42倍
もうだれも降着できない
シミュレーションでは約7万年で成人しました。

これは、コンピュータ・シミュレーションを用いた「初期宇宙の実験」によって得られた「結果」であり、現在はまだ観測することのできない宇宙の暗黒時代の様子を、シミュレーションによって再現できたということでもあります。

CHAPTER_4 06/09

地道で高精度の研究は日本人ならでは

このシミュレーションによるファーストスター誕生の研究は、2008年にアメリカの科学誌『サイエンス』に発表し、掲載時にはワシントンDCで記者発表も行いました。いうまでもなく『サイエンス』は、イギリスの科学誌『ネイチャー』と並ぶ世界的な雑誌です。また、『ウォールストリート・ジャーナル』紙でも「The Making of First Stars」と題して、大きく報道されました。

この研究が高く評価されたのは、ひと言で言うと「人類が知る限り全部の知識を注ぎ込んだ」ということでしょうか。初期宇宙のシミュレーションをする場合、方程式自体は同じですが、どこまで細かく計算するかが違います。ぼくたちは、物質の位置、起きる化学反応、光が物質に与える影響などをできる限り細かく計算したのです。

たとえば、ガスを形成している水素分子はそれぞれくるくると回転しているのですが、回転速度が変わるときに光を出します。そのうちの、どの波長の光が放射されたか（ここで考えている光には波長の違いによって、230〜270種くらいあります）を計算し、さらに別の分子に当たったときの波長の変化なども考慮しました。

また、分子の密度が高い部分では、分子どうしも衝突します。すると、分子がばらばらになり、物質の密度が変わります。そうなると、それに対応する式が必要になってきます。

ちなみに、176ページが計算の精度（どこまで細かく研究しているか）を表したグラフです。タテ軸の下のほう、つまり精度の低いところにはアメリカの大学が並んでいます。高密度（さまざまな要素について詳しく研究）までやっているのは日本とドイツだけ。おおざっぱに把握してどんどん前に行くアメリカと、細かい研究を地道に続ける日本――そんな研究姿勢というか国民性の違いが如実に表れているように感じます。

第2章で「ダークマターの要素を入れなかったら、星が生まれなかった」という話をしました。が、じつは「ダークマターを入れるのを忘れていたから星ができなかった」という意味ではありません。ダークマターが重力として働く場合と、ダークマターは重力として働かないという設定にした場合とでシミュレーションしていたのです。ダークマターが重力源として働かない場合は、いつまでたっても何も生まれません。

計算の精度

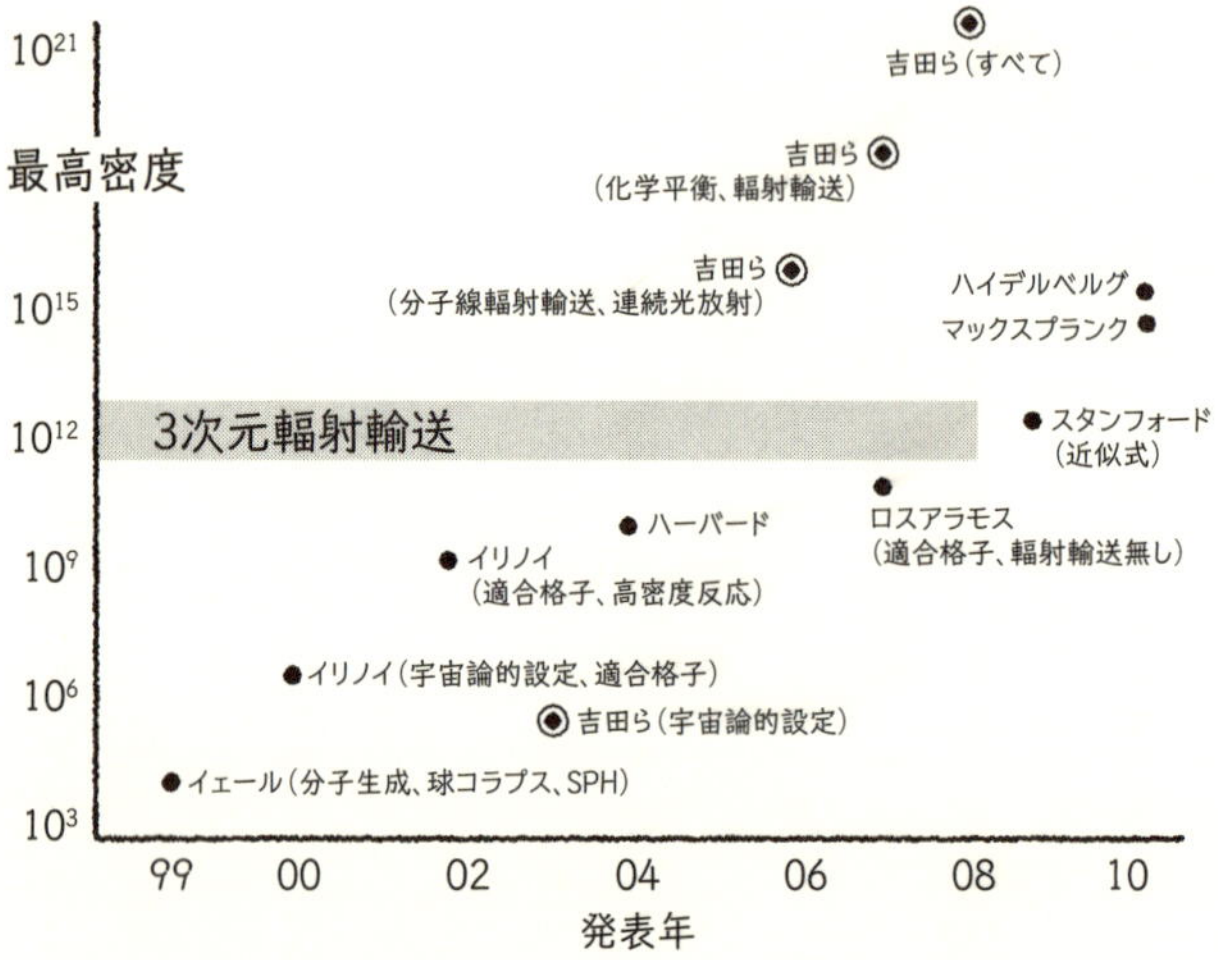

細かい計算をコツコツとやりとげる日本および欧州(ドイツ)、要所だけをおさえてどんどん先に行くアメリカ——という構図が見て取れる。

水素やヘリウム、塵といった「種」はあっても、そこに「重力」という働きがないと、何も起こらないのです。時間をかければ生まれるものではなく、宇宙全体が膨張してしまうので、物質密度がどんどん薄まっていき、ますます星ができる兆しさえ感じられなくなります。

　ダークマターが何者かはわかりませんが、星や銀河を生み出すもとになってくれて、「ありがとう」と言いたいですね。

CHAPTER_4 07/09

巨大ブラックホールの謎に挑む

　第３章（１３６ページ）で紹介した超巨大ブラックホールは、学会に大きな衝撃を与えました。宇宙ができてから10億年もたっていない段階で、太陽質量の８億～１２０億倍というモンスターブラックホールができていたからです。２０１６年に初めて重力波が観測されたとき、２つのブラックホールが合体しましたが、その結果できたのは太陽質量の62倍の恒星質量ブラックホール。まさにケタ違いの差です。

　前々項で触れたように、宇宙誕生から3億年後に生まれたファーストスターが、やがて超新星爆発をすることもシミュレーションで明らかになりました。その結果ブラックホールになり、まわりの物質をどんどん吸い込んでいったとしても、物理学的に限界があるので、数億年で太陽質量の数億倍もの重さになることはできません。

また、これまで知られていなかったけれども、小さなブラックホールが短期間でモンスターブラックホールに成長するメカニズムがあるのではないかという説もあります。しかし、もしそうなら、いまごろ宇宙はモンスターブラックホールだらけになっているはずです。

さらに、宇宙初期に存在した巨大なガス雲が一気に収縮することで、太陽質量の数万倍のブラックホールが生まれ、これが巨大ブラックホールのもとになったという説もありますが、その周辺に明るい銀河があって、ガス雲を強く照らさなくてはならないなど前提条件が複雑で、やや説得力に欠ける気がします。

これに対してぼくたち東京大学と京都大学のチームは、数億年で巨大ブラックホールの形成を可能にし、観測結果とも矛盾しない新しい道筋を発見しました。キーワードは「風」です。

「ファーストスター」で解説したように、初期宇宙ではガスやダークマターが一様に広がっていたわけではなく、濃淡（粗密）がありました。濃いところは高温高密度、薄いところは低温低密度です。さらに、**ダークマターの密度の濃淡によってガス中に**

密度や圧力の波、すなわち音波が生み出されました。この音波は「宇宙の晴れ上がり」後も宇宙に吹く風となって残り、場所によっては風が吹き荒れる暴風域もあったと考えられています。

通常、ガスはダークマターの重力に引かれて集まりますが、暴風域ではガスがダークマターに捕まらず、なかなか集まることができません。その一方で、ダークマターは風と反応しないので、自らの重力によって集まってきます。

宇宙に吹く風は宇宙膨張とともに止んでいきますので、宇宙年齢が1億年ごろになると、暴風域でも風速は毎秒3000mほどに弱まってきます。

ちなみに日常生活では、熱帯低気圧のうち風速17m以上の風が吹くものを「台風」と呼び、風速25m以上の風が吹く場所を「暴風域」、風速54m以上の台風を「猛烈な台風」と呼んでいます。弱まるといいましたが、秒速3000mは想像を絶する暴風域です。

また、**現在の宇宙では、この風はもっと弱まっています。**宇宙が膨張して温度が下がっていることによるもので、**計算上は毎秒100mくらい。**それでも「猛烈な台風」の2倍ほどの強風です。ただ、その風はなかなか感じられません。銀河系のなかでは、さまざまな物質の影響が強いので、風だけを測定することはできないでしょう。銀河系を抜け出して、何もない宇宙空間に行くと強い風が吹いているはずです。

さて、宇宙年齢1億歳のころ、秒速3000mの風が吹く場所では、ダークマターが集まって、太陽質量の2000万倍もの巨大なダークマターハローが生まれます。すると、ダークマターハローの強い重力によってガス雲（ガスの塊）ができ、原始星が形成されます。先ほど紹介した、風が吹いていないときの原始星（質量は太陽の100分の1）と、サイズや重さはかわりません。

ところが、暴風域のガス雲のなかでは、原始星に向かって高速のガスがさらに流れ込み続け、60万年間で太陽の3万4000倍もの巨大な星になりました。風の弱い部分ではとても生まれない大きさです。これくらいのサイズになると、成長の途中で、確実にブラックホールになるでしょう。

CHAPTER_4 08/09

宇宙に吹く風がさまざまなバリエーションを生んだ

この共同研究でシミュレーションしたのはここまでですが、ぼくは続きも研究してみました。この星はさらに60万年後、4万〜6万太陽質量まで育った時点で自らの重みに耐えきれずにつぶれてしまい、ほぼ同質量のブラックホールになると考えられます。星間ガスが無理のないペースでこのブラックホールに降り注いだり、ブラックホールどうしが合体したりすれば、宇宙誕生から7億～8億年後には太陽質量の10億倍程度になることができます。

また、ぼくたちの精密なシミュレーションによると、初期宇宙のなかで生まれるであろう暴風域の数は、現在見つかっている初期宇宙のモンスターブラックホールの数と近いのです。そういう意味でも、ぼくたちの研究は筋が通っていると考えられています。

宇宙初期のモンスターブラックホールについて、いろいろな仮説が出されていましたが、この論文はとくに高く評価され、やはり『サイエンス』にも掲載されました。宇宙の始まりから巨大ブラックホールが形成される過程まで、無理のないストーリーとして示したことが高評価につながったのでしょう。

ちなみにこの研究は当初、モンスターブラックホールの謎を解き明かすために始めたものではありません。ぼくの研究室の学生だった平野信吾《ひらのしんご》君（現・九州大学）が、初期宇宙に吹く風をコツコツ研究していたのがきっかけです。宇宙に存在する要素を検討し、計算を繰り返しているうちに、「あ、風が吹いてきました」、「風が強く吹くところがあります」、「ガスが吹き溜まってきました」、「大きな星が短期間でできました」――という具合に進展していき、では本格的に研究してみようか、ということになって、やがてモンスターブラックホールにつながったのです。

研究というのは、やってみないと、それが化けるか単発で終わるかわかりません。多くは大きく発展せずに終わるのものですが、そういう意味でもこの「風」の研究は希有《けう》な例だといえるでしょう。

「風」に関していえば、宇宙には暴風が吹き荒れる場所だけではなく、強風や微風の場所もありました。そこにダークマターハローがあった場合は、ブラックホールではなく星団や連星ができると考えられます。宇宙のバリエーションは、こうして生まれた可能性があるのです。

CHAPTER_4 09/09

すべての星のシミュレーションが可能になる日

コンピュータ・シミュレーションは、日々進化を続けています。１９４０年代にコンピュータが生まれると、１９５０年代にはさっそく星の内部構造のシミュレーションが行われました。すでに紹介したように、「重力N体シミュレーション」が行われるようになったのは１９７０年代です。当時は数百個の銀河の一つひとつを粒として扱い、重力相互作用を計算して、銀河団の誕生や宇宙の大規模構造の研究をしていました。最近では、一兆に近い粒を、スーパーコンピュータを使って計算するようになっています。

ちなみに、ファーストスターのシミュレーションでは、スーパーコンピュータではなく、主に、「ＰＣクラスター」を使いました。これは普通のパソコンを何十台もつなぐことで、スーパーコンピュータに匹敵する演算を可能にしたものです。一方、モンスターブラックホールのシミュレーションは、国立天文台のスーパーコンピュータ「アテルイ」などを延べ３ヵ月ほど稼働させて行いました。

１８４ページのグラフは、「重力N体シミュレーション」で扱える粒の数の変化です。タテ軸は扱える粒の数、ヨコ軸はそれを用いて行われた研究の発表年を表しています。ちなみにぼくは大学院生だったころに、２０００年代の２つの計算に貢献しました。

グラフからもわかるように、１９７０年代には扱える粒の数は数百個でしたが、40年後の２０１０年には10億個になり、現在は一兆億個に近い粒を扱えるようになっています。粒子が増えることで、宇宙の同じ範囲をシミュレーションする場合はより細かく再現することができるようになり、同じ解像度ならより広い範囲を再現することができるようになります。

ぼくのような宇宙物理学の研究者にとって、１兆個を超える数の粒が扱うシミュレ

どこまで細かいシミュレーションが可能?

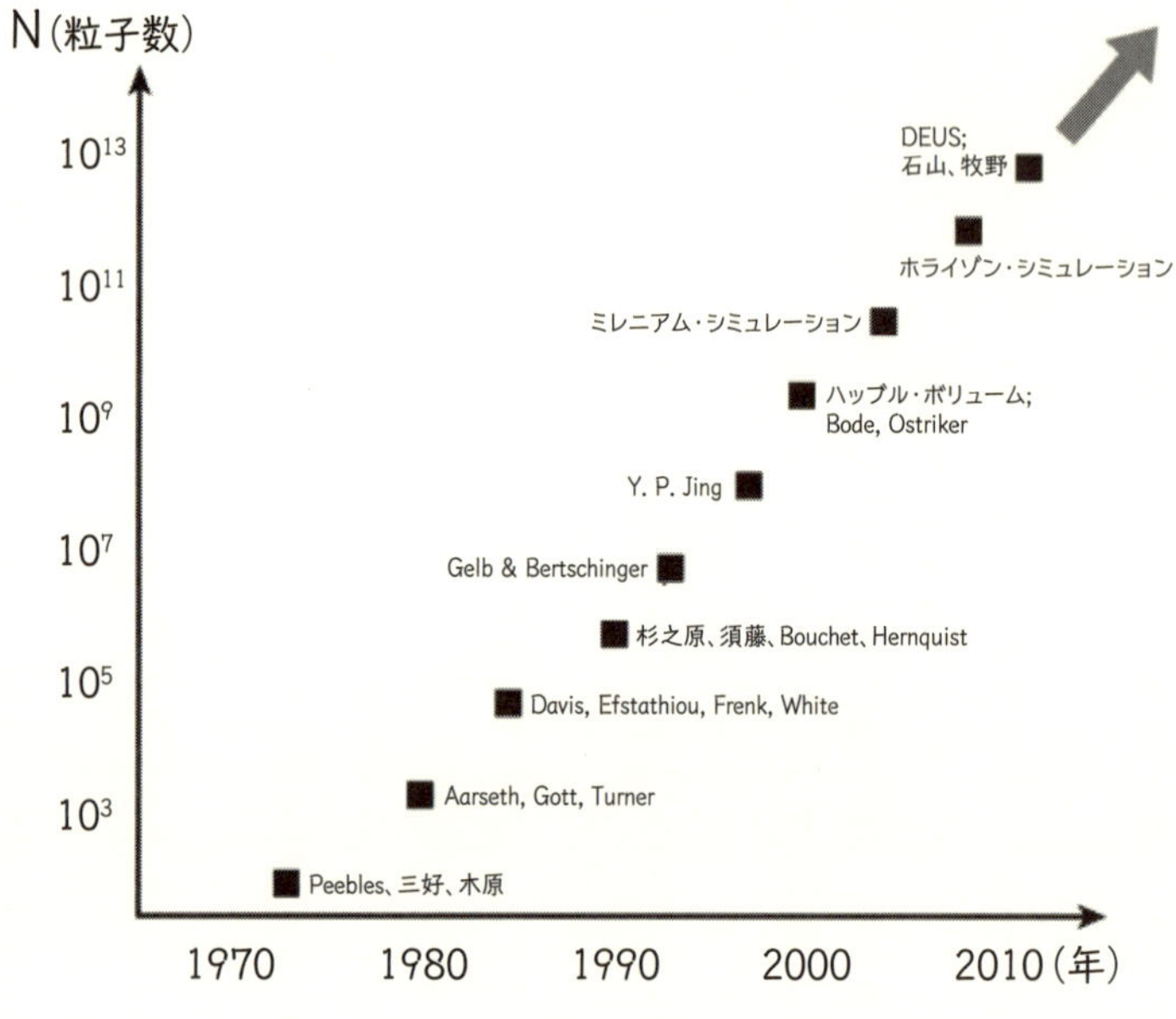

そう遠くない将来、銀河の星すべてを1つひとつシミュレーションすることが可能になる!

ーションはひとつの夢でもあります。天の川銀河のすべての星を一つひとつの粒に置き換えて計算することができるからです。ぼくのもともとの夢であった、渦巻き銀河や楕円銀河など、美しい銀河がどうして生まれたかという謎の解明にも、大きく近づけそうです。

さらに２０７３年、ぼくが１００歳の誕生日を迎えるころには、扱える粒の数は10の23乗個になり、宇宙にある星すべてを、一つひとつの粒に置き換えることができるようになると考えられます。

ただ、そのころには、重力Ｎ体シミュレーションは過去の手法となっているかもしれません。今後は、たとえば重力だけでなく、流体力学や化学反応、核反応なども含めた、宇宙に関するすべてのことを統一的に把握できるシミュレーションの手法が開発されるでしょう。量子コンピュータや人工知能（ＡＩ）の力を借りて、シミュレーションの精度は飛躍的に向上すると思います。そういう未来に、ぼくも貢献していきたいと考えています。

［第5章］

95％の謎に挑む

いまそこにあるダークマター

ホモ・サピエンスがこの世に登場したのは40万年ほど前のこと。宇宙138億年の歴史から見ると、ぼくたち人類はほんの新参者です。にもかかわらず、太陽系の果てまで探査機を飛ばしたり、原子ひとつ分の大きさよりもはるかに小さいという微弱な空間のゆがみ（重力波）を捉えてブラックホールどうしの衝突を観測したりすることができるようになりました。

それでも、**ぼくたちがわかっているのは、この宇宙のほんの5%ほど**にすぎません。宇宙の構成要素のうち、その正体がわかっている普通の物質はわずか4・9%。残りの約95%は謎、つまり「ダーク」な存在です。これをもう少し細かく分けると、謎の物質「ダークマター（暗黒物質）」が26・8%、謎の力「ダークエネルギー（暗黒エネルギー）」が68・3%となっています。

「謎」なのに、細かい量までわかっているなんて、不思議な気がしますね。この割合は、宇宙マイクロ波背景放射や宇宙の大規模構造、宇宙の膨張速度などの解析から割

宇宙に存在する物質の比率

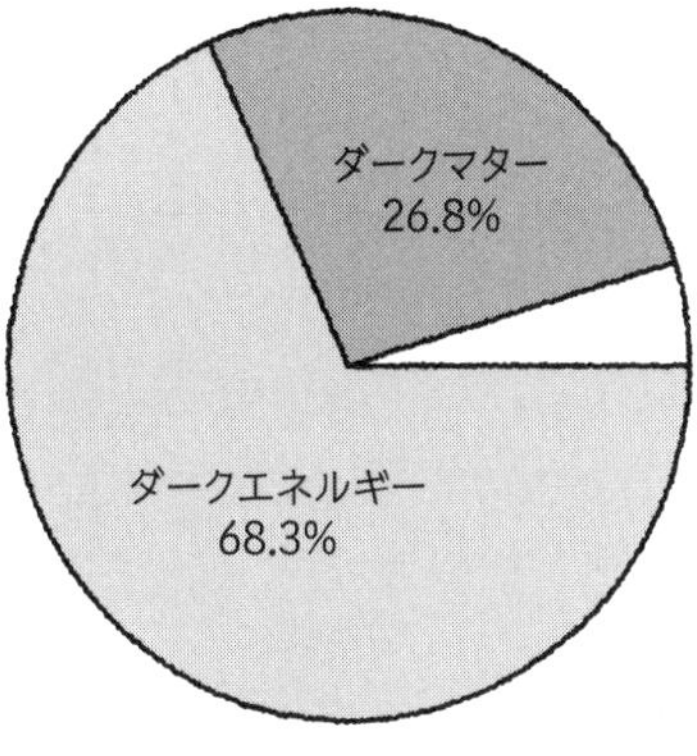

正体がわかっている物質は
たったの5%足らず

り出された、「この数値でしかありえない」という数字なのです。

これまで、たびたび言及したダークマターですが、ここであらためていまわかっていることを紹介しておきましょう。

まず、ダークマターは重力だけを及ぼし、ほかの物質とほとんど相互作用しません。ぼくたちのまわりにも1リットルあたり1個ほどは存在すると考えられています。そのため、いまこの瞬間にも、ぼくたちの身体を通り抜けているかもしれません。また、電磁波を吸収することも放射することもありません。そのため、可視光やX線などでは捉えることができないのです。

そんな物質が、なぜ「ある」といえるのでしょうか。じつは、いくかの証拠があります。

ひとつは、銀河団（いくつかの銀河がまとまっているところ）のなかで、観測できる天体の質量を計算したところ、とても「団」としてまとまっていられるはずがないほど質量が小さかった（つまり重力が小さかった）のです。

それなのに、なぜ銀河団というひとつの天体としてまとまりを維持できているのか――。観測はできないけれど、重力をもたらす〝何か〟＝ダークマターがあるに違いありません。

また、第3章で、天の川銀河の中心には巨大なブラックホールがあるといいました。

ダークマターによる重力レンズ現象

銀河団のまわりにあるダークマターが重力レンズとなって、円弧状に見える

NASA, ESA, Richard Ellis (Caltech) and Jean-Paul Kneib (Observatoire Midi-Pyrenees, France); Acknowledgment: NASA, A. Fruchter and the ERO Team (STScI and ST-ECF)

ブラックホールの重力は強力ですが、すでに説明したように天の川銀河全体を振り回すほどの重力はありません。太陽系は天の川銀河の中心から4分の3ほどという端っこにあって、秒速240㎞ものスピードで公転していますが、ダークマターの重力がなければ、天の川銀河の回転によって、とっくの昔に外に放り出されているはずです。ダークマターが、ぼくたちを天の川銀河のなかにつなぎ止めてくれているのです。

さらに、多くの銀河団には重力レンズ現象（50ページ、117ページ参照）が見られます。前ページの写真で、画像中央あたりの明るい部分の多くは、銀河団を構成する銀河です。画像のほぼ中央に、円弧状の明るい部分がいくつかありますが、これは、手前にある銀河団のまわりのダークマターが重力レンズとなって、より遠くにある銀河を変形させ、ひしゃげた形に見えているのです。

そして、何度か紹介したとおり、ファーストスター誕生のコンピュータ・シミュレーションでも、ダークマターに重力がない設定にすると、ひとつの星も生まれないことがわかりました。

状況証拠は十分すぎるほどあります。あとは、直接存在を確認するだけです。

CHAPTER_5 02/09

ダークマターはクールなヤツだった

ダークマターの候補としては、さまざまな物質があげられています。褐色矮星《かっしょくわいせい》（恒星になれなかった星）やきわめて暗い恒星説、前にも紹介した〝のら惑星〟である浮遊惑星説、ブラックホール説、質量をもったニュートリノ説、未知の素粒子であるウィンプやアクシオン説などです。

まず、褐色矮星や暗い恒星、浮遊惑星について検討しましょう。ぼくたちが知っている宇宙に存在する元素を「バリオン物質」といいます。褐色矮星や暗い恒星、浮遊惑星などバリオン物質でできた天体は、観測技術の進歩で次々発見されてはいますが、その量は微々たるもの。宇宙の27％をも占めるダークマターではありえません。

次に「ブラックホール＝ダークマター」という説について。ダークマターがブラックホールなら、無数にあるブラックホールは、宇宙のあちらこちらで重力レンズ現象を起こし、天体の明るさに変化が起きるはずです。

そこで、ぼくが所属している東京大学カブリ数物連携宇宙研究機構の研究者らは、すばる望遠鏡を使ってアンドロメダ銀河の2000個の星々をモニターして検証してみました。ところが、一晩中観測しましたが、そのような現象は現れませんでした。つまり、ブラックホールはダークマターではなかったようです。

ということで、**いまのところダークマターの正体は未知の素粒子だろうと考えられています。**

世界で初めてニュートリノの観測に成功した小柴昌俊《こしばまさとし》・東京大学名誉教授らが、2002年にノーベル賞を受けたことは、みなさん覚えているでしょう。この素粒子には重さがあり、一時は「ダークマターの正体か!?」と騒がれました。ニュートリノが質量をもつという実験事実を示したのが東京大学宇宙線研究所所長の梶田隆章《かじたたかあき》教授です。

素粒子のなかで、激しく飛び回って乱雑な動きをするものを「熱い」、飛ぶスピードや乱雑さが小さく、おとなしいものを「冷たい」と表現したりします。ダークマターが熱いものの場合、素早く動き回るので物質を一ヵ所に引き寄せる頻度が小さく、たとえば星の材料がたくさんあったとしても、そんなに大きくは成長できません。一方、ダークマターが冷たいものの場合は、一ヵ所に落ち着いて物質を集めることも、さらに合体して大きな物質に成長することも可能です。

宇宙マイクロ波背景放射で示された実際の宇宙の構造（98ページ参照）は、冷たいダークマターを前提にしたコンピュータ・シミュレーションの結果とよく似ています。じつは、先ほど紹介したニュートリノは熱い素粒子なので、ダークマターの正体ではありえない、ということです。

現在、冷たいダークマターとして、ウィンプやアクシオンが有力視されています。

CHAPTER_5 03/09

見えないダークマターを捕まえる

いま、ダークマターの姿を捉えようという研究が、世界中で行われています。宇宙の解明につながるダークマターが本当に見つかれば、ノーベル賞は間違いのないところでしょう。でも、物質と相互作用せず、電磁波でも捉えられないものを、どうやって見つけようというのでしょうか。直接観測することは難しいので、たとえばダークマターが何かにぶつかった証拠を示すというような、間接的なかたちになると思います。

まず、有力候補であるウィンプ捕獲作戦をご紹介しましょう。ウィンプは相互作用が小さく重い未知の粒子の総称で、なかでもニュートラリーノと呼ばれる素粒子は、理論的には存在が示唆されており、性質も予測されています。

第2章で、物質を構成している素粒子（クォーク）は6種類と紹介しましたが（75ページ参照）、電子の仲間にもミューオン（121ページ参照）やニュートリノ（194ページ参照）など6種類の素粒子があります。さらに、強い力を伝える素粒子グルーオンや、電磁気力を伝える光子《こうし》、弱い力を伝えるボゾン、質量を与えるヒッグス粒子（149ページ参照）などもあります。そして、それらに対して、「超対称性粒子」と呼ばれる鏡のような存在の素粒子も存在すると考えられています。そのひとつがニュートラリーノなのです（次ページ参照）。

どんな物質も通り抜けてしまうと考えられているニュートラリーノを捕まえるためには、ニュートリノを検出したカミオカンデと同じような手法で挑戦しています。

カミオカンデは、地中深く埋めたタンクに超純水をたたえ、ニュートリノが電子とぶつかったときに発する青白い光を検出していました。同様にXMASS《エックスマス》と名付けられたダークマターを検出する実験では、旧神岡鉱山の地下1000mのところに800kgの液体キセノンを用意し、ニュートラリーノが通過したときに、キセノン原子と衝突して発する光を捉えようとしています。

宇宙からの素粒子を地下深くで検出しようとしているのは、ダークマターが物質と反応しないので地下深くまで届く一方で、地上にはほかの宇宙線なども届くため、そ

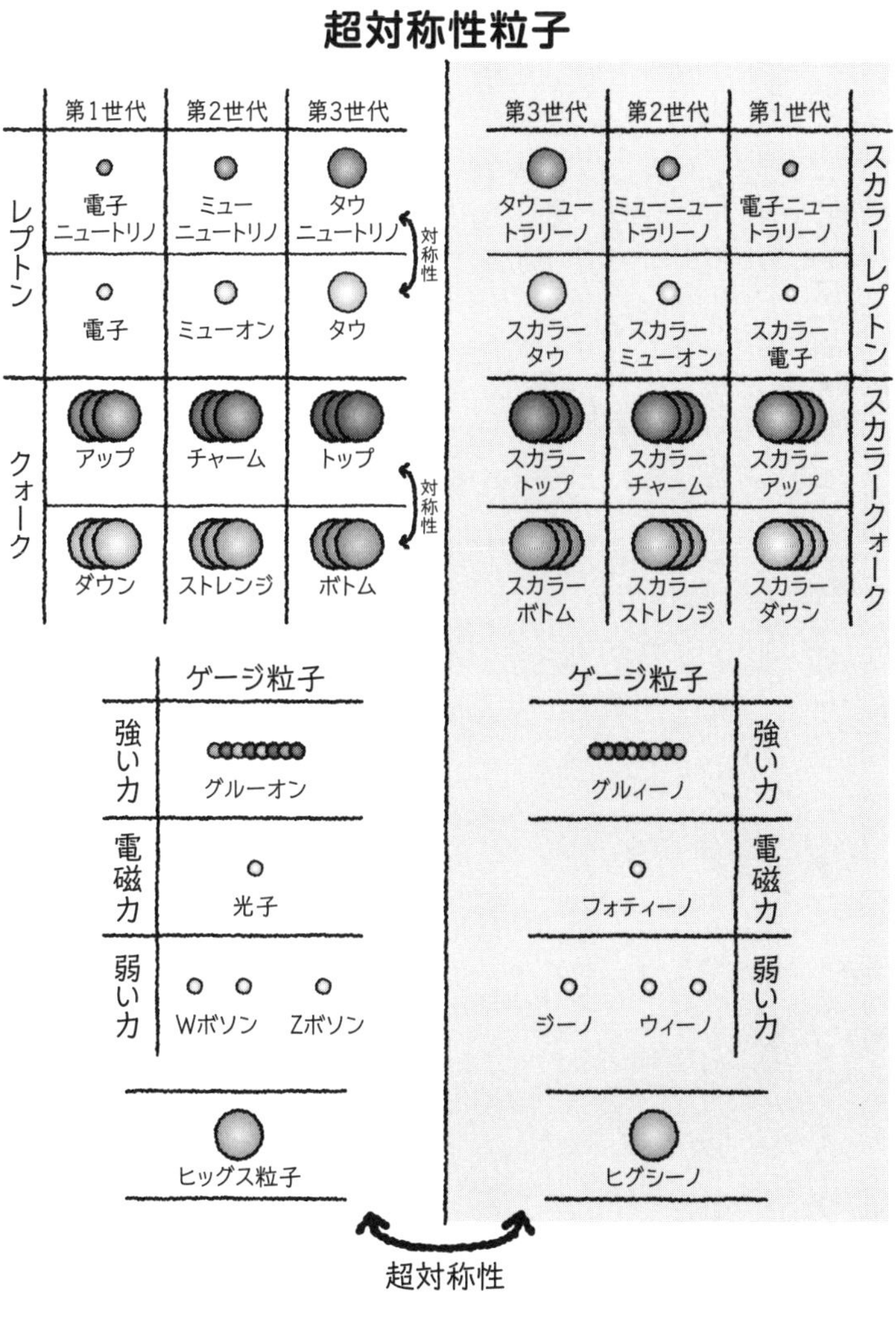
超対称性粒子
第1世代
第2世代
第3世代
レプトン
電子ニュートリノ
ミューニュートリノ
タウニュートリノ
電子
ミューオン
タウ
対称性
クォーク
アップ
チャーム
トップ
ダウン
ストレンジ
ボトム
対称性
第3世代
第2世代
第1世代
スカラーレプトン
タウニュートラリーノ
ミューニュートラリーノ
電子ニュートラリーノ
スカラータウ
スカラーミューオン
スカラー電子
スカラークォーク
スカラートップ
スカラーチャーム
スカラーアップ
スカラーボトム
スカラーストレンジ
スカラーダウン
ゲージ粒子
強い力
グルーオン
電磁力
光子
弱い力
Wボソン
Zボソン
ゲージ粒子
グルィーノ
強い力
フォティーノ
電磁力
ジーノ
ウィーノ
弱い力
ヒッグス粒子
ヒグシーノ
超対称性

れらが届かない「静かな」地下のほうが都合がいいからです。

ちなみにこの実験では、ニュートラリーノだけでなく他の同じような質量をもつ粒子が来ても、捉えられるようになっています。

２０１２年にヒッグス粒子を検出したＣＥＲＮ《セルン》でも、加速器を使った別の方法でダークマター候補となる素粒子の探索が行われています。陽子（水素原子核）をほとんど光の速さにまで加速して衝突させ、いわばビッグバンのころの宇宙と同じような高エネルギー状態をつくりだすことで、さまざまな素粒子反応が起こることが期待され、そのなかにはダークマター候補が関わるような反応もあるかもしれないのです。

CHAPTER_5 04/09

ダークマターの地図

ダークマターの正体を明らかにする研究と並行して、ダークマターの空間分布を捉える取り組みも行われています。東京大学カブリ数物連携宇宙研究機構では、すばる望遠鏡で重力レンズ効果を使って銀河団を観測し、ダークマターの存在やその集まり方を調べました。その結果、銀河団のなかにダークマターが大量に集まっていること、

すばる望遠鏡が観察した銀河団の画像にダークマターの分布を重ねたもの

ダークマターが集まっているところには銀河も集中している
NAOJ/HSC Project

さらに、銀河団の中心から離れていくにつれて、その分布が薄まっていることを発見しました。

つまり、**ダークマターがたくさんあるところにはたくさんの銀河（銀河団）があり、銀河があまりないところにはダークマターも少なくなっている**のです。これは、この観測が実行される前にぼくがシミュレーションしていた結果と一致しており、ダークマターの働きを裏付けるものだといえるでしょう（前ページ参照）。

さらに、2017年、カナダのウォータールー大学の研究者たちは、重力レンズ現象を利用して、ダークマターの可視化に成功したと発表しました。45億光年離れたペアの銀河の画像2万3000枚を重ね合わせ、銀河と銀河のあいだにあると考えられるフィラメント（糸状の構造）の部分を、明るく描き出すことに成功したのです。これは宇宙の大規模構造モデル（105ページ）が正しかったことを示唆しています。

また、少し前の話になりますが、世界の複数の大学や研究所が連携して、ダークマターの3次元地図をつくるプロジェクトも組まれました。ハッブル宇宙望遠鏡とすばる望遠鏡を使って、2005年から2008年にかけて行われた「COSMOS《コスモス》プロジェクト」です。125億光年先の生まれたての銀河120万個について、重力レンズ現象による小さなゆがみから、そこにあるはずのダークマターの3次元立体地図を作成したのです。

ダークマターの3次元地図

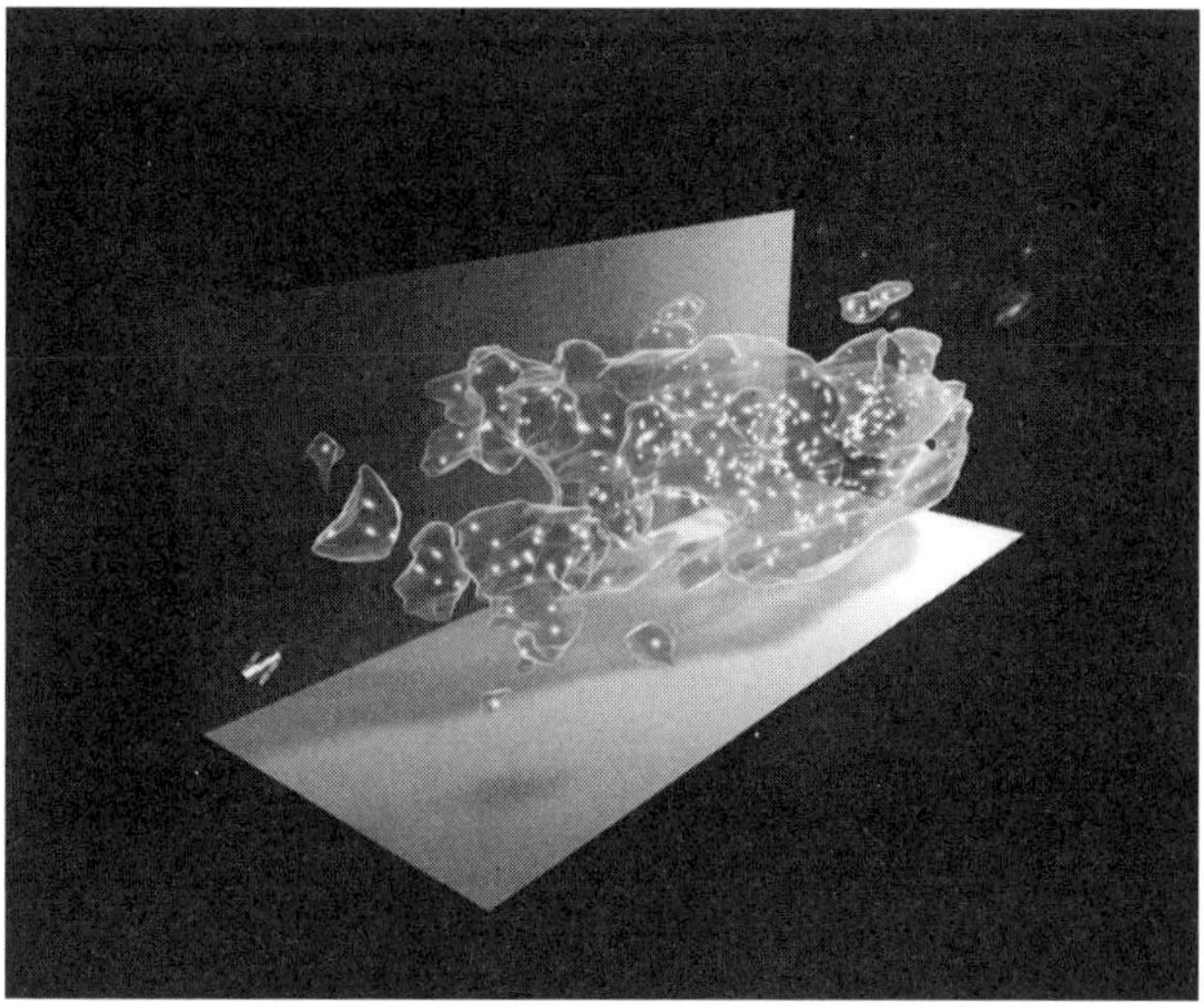

日本の複数の大学が協力したCOSMOSプロジェクトで得られた
ダークマターの立体地図。シャボン玉のように浮かんでいるのはダークマター、
点は銀河。銀河はダークマターに包まれていることがわかる。
NASA,ESA and R.Massey

その画像からは、ダークマターがたくさん存在するところと薄いところがあり、たくさん存在するところのなかに銀河（図中の小さな点）があることがわかります。つまり、**銀河はダークマターが器となって、そのゆりかごのなかに包まれるようなかたちで育まれている**ことがはっきりしたのです（前ページ参照）。

CHAPTER_5 05/09

「ダークバリオン」ってなんだ？

みなさんは、「ダークバリオン」という言葉を聞いたことがありますか？

宇宙はダークマターとダークエネルギーが約95％を占めていて、ぼくたちが知っている物質（バリオン物質）はたった5％ほどだと紹介しました。ということは、「人間は宇宙について5％くらいはわかっているんだな」と思うでしょう。ところがそうではありません。わかっているはずのバリオン物質のうち、30％ほどは行方不明状態なのです。

つまりぼくたちは、実際には宇宙全体の3～4％しか把握できていないことになります。この行方不明のバリオン物質は、「ダークバリオン」「ミッシングバリオン」と呼ばれています。

ダークバリオンは、宇宙の大規模構造（105ページ参照）の編み目の部分に、温かいガスの状態で存在していると考えられてきました。宇宙は銀河などがまとまって存在する部分が点在し、フィラメント（細い糸）と呼ばれる部分で連結しているのですが、そのフィラメントに「WHIM（Warm-Hot Intergalactic Medium＝中高温銀河間物質）」があり、それがダークバリオンの正体だろう、というわけです。

でも、従来は観測する術《すべ》がなかったので、長らく謎のままでいたのですが、2017年、フランスのオルセー天文物理宇宙研究所の谷村英樹《たにむらひでき》博士らによって〝発見〟されました。かなり専門的になるので詳しい説明はしませんが、宇宙マイクロ波背景放射と銀河団の高温ガスが衝突したときに発生する放射温度の低下（これを「スニヤエフ・ゼルドビッチ効果」といいます）を、欧州宇宙機関の観測衛星で観測したのです。その結果、フィラメント部分に大量の暖かいガスが存在していることが判明し、その量は行方不明の量と一致することがわかりました。

2028年に欧州宇宙機関が打ち上げる予定のX線観測衛星Athena《アテナ》によって、ダークバリオンが含む重元素《じゅうげんそ》（酸素など）のイオンが検出されることも期待されています。

いずれにせよ、これでダークバリオン問題はほぼ解決されました。科学者たちは宇宙のすべての物質が、どこにどれくらいの濃度で存在するのかという、いわば「宇宙の地図」を正確に描くことを目指していますが、その夢に、また一歩近づいたといえるでしょう。

アインシュタインはやっぱりすごかった

宇宙は膨張している――という話は、多くの方が一度は聞いたことがあるのではないでしょうか。でも、その膨張の仕方が加速度的にエスカレートしているということは、にわかには信じられないかもしれません。

東京大学カブリ数物連携宇宙研究機構の高田昌広《たかだまさひろ》教授は、「真上に投げたボールが、戻ってくるどころか、勢いを増してどんどん空高く飛んで行くような奇妙な現象」とたとえています。

ゆらぎから生まれた宇宙は、ビッグバンやインフレーションで膨張していくものの、その膨らみ方はだんだんゆっくりになっていくと、専門家のあいだでも信じられてきました。ところが20世紀末、海外の2つの研究チームが、宇宙は約70億年前から膨張スピードが加速していることを明らかにしたのです。それは同時に、アインシュタインの相対性理論を再評価する意味ももっていました。

宇宙が膨張していることを知らなかったアインシュタインは、宇宙は膨張も収縮もしない「静的」なものと考えていました（ハッブルが「宇宙は膨張している」と発表したのは１９２９年。アインシュタインが一般相対性理論を発表したのは１９１６年）。ところが、「アインシュタイン方程式」によると、物質の重力の効果で、放っておくと宇宙が収縮してしまいます。「これはおかしい」と思ったアインシュタインは、アインシュタイン方程式に、重力に反発するような斥力《せきりょく》（押し広げる力）である「宇宙定数」を加えました。

でもその定数は、つじつま合わせで入れたものなので、なんの根拠もありません。12年後にハッブルが宇宙は膨張していることを発見すると、アインシュタインは「生涯最大の過《あやま》ち」として宇宙定数を撤回しました。

ところが、先ほど紹介したように現在の宇宙は加速度的に膨張しており、宇宙定数はその押し広げる力を表していたことがわかったのです。この力――重力の効果を打ち消し、宇宙を押し広げるような力は「ダークエネルギー」と名付けられました。

その後、宇宙マイクロ波背景放射の観測などによって、ダークエネルギーが宇宙全体の68・３％も占めていることが明らかになりました（ダークマターと同じく、ダークエネルギーの正体ははっきりわかってはいませんが）。

ダークエネルギーの正体を探る調査(Fast Soundサーベイ)

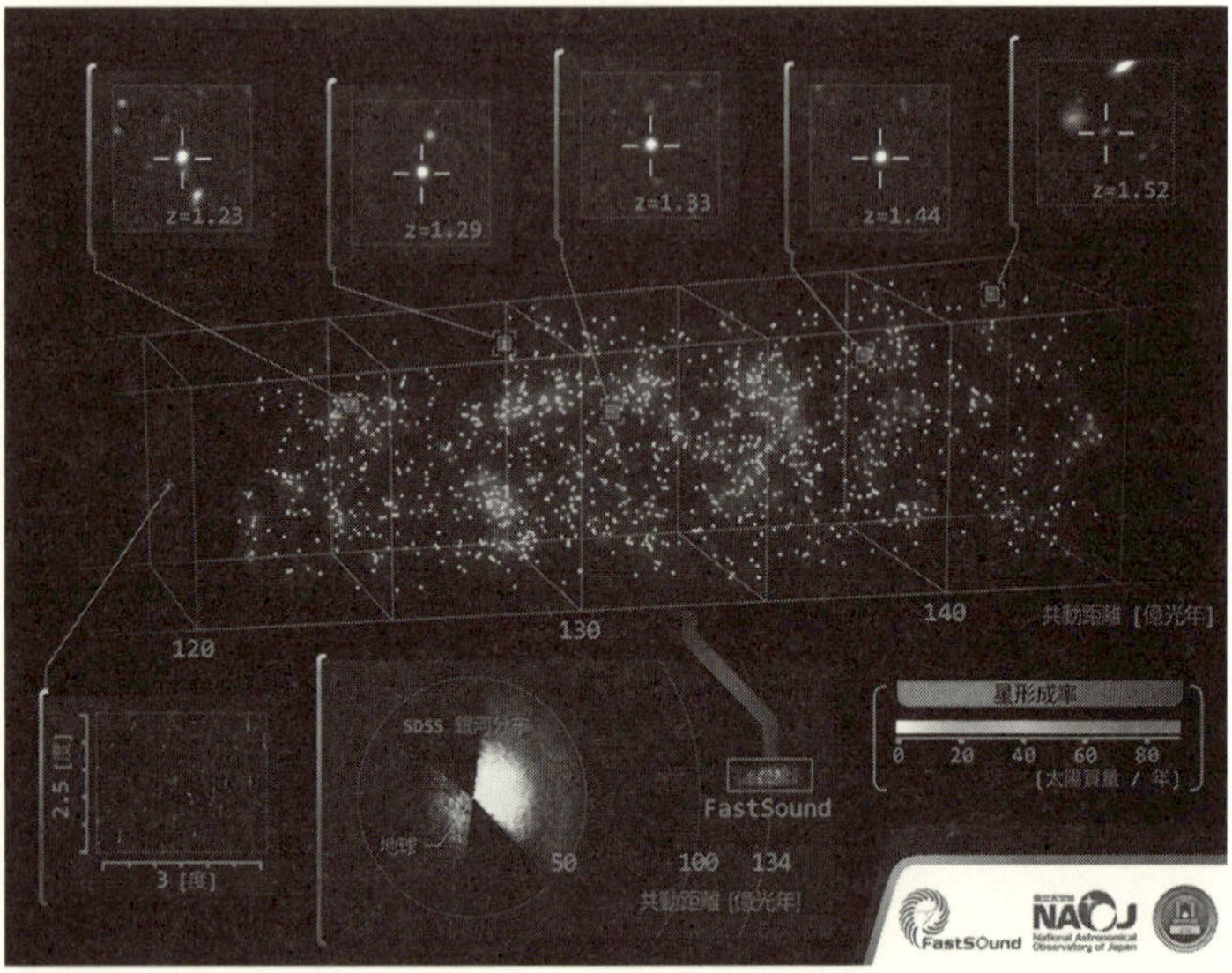

現在
近く

過去
遠く

過去から現在にかけて、銀河の散らばり具合がどのように変化してきたかを調べ、
ダークエネルギーの働きを明らかにしようとしています。
下段中央は、このFast Soundサーベイが、
従来の観測よりさらに遠くの宇宙を調べていることを表しています。

国立天文台／一部データ提供:CFHT, SDSS

ダークエネルギーの正体を探るために、世界各国で研究が進められています。日本では東京大学カブリ数物連携宇宙研究機構や京都大学、東北大学などの研究者からなる国際研究グループが、「Ｆａｓｔ《ファースト》Ｓｏｕｎｄ《サウンド》サーベイ」という観測を行いました（サーベイは、ある範囲の全天を覆う観測のこと）。

すばる望遠鏡を使って、１３０億光年先の、つまりとても古い宇宙にある３０００個もの銀河までの距離を測り、３次元地図を完成。そして、それらの銀河の運動を詳しく調べることで、重力によって宇宙が大規模構造――編み目構造へと成長する速度を測定してみました。

その結果、**宇宙の加速膨張は宇宙定数によって説明できることが明らかになった**のです。つまり、アインシュタインはすごい人だったということが、あらためてわかったということです。

CHAPTER_5 07/09

ダークエネルギーがにぎる宇宙の未来

すでに説明したように、バリオンは宇宙の５％を占めます。宇宙が膨張してたとえば体積が8倍になると、物質の量は変わらないので、密度は8分の1に薄くなります。正体がわからないダークマターも物質なので、体積が8倍になれば密度は8分の1になります。一方、ダークエネルギーは、体積が8倍になっても密度は変わりません。これはアインシュタイン方程式から導き出されるリクツです。ダークエネルギーが空間のいたるところに付随しているものであると考えると、宇宙全体が膨張してもダークエネルギーの「密度」は変化せず、場所によっても違いはないのです。

これが正しいとすると、宇宙はこのままずっと膨張を続けることになります。天体どうしの距離はどんどん広がっていき、やがて——まだ地球があったとしても——どんな天体からの光も地上に届かなくなります。いまから1000億年以上先のことではありますが、とてもさみしい終末です。

でも、絶対にそうなるとは誰にも言い切れません。時間とともにダークエネルギーが強まったり弱まったりすることがあるかもしれないからです。**ダークエネルギーが強まるとすると、**膨張の加速度は増していきますが、光速を超えることはできないので、やがて**宇宙全体が引き裂かれる「ビッグリップ」という最期を迎えます。宇宙が収縮を始めると、やがて宇宙が誕生したときのように、一点に収斂《しゅうれん》する「ビッグクランチ」を迎えます。**

ダークエネルギーの力が強まることは、すなわち宇宙を小さくしようとする（重力

ダークエネルギー関係の論文数は加速度的に増加している

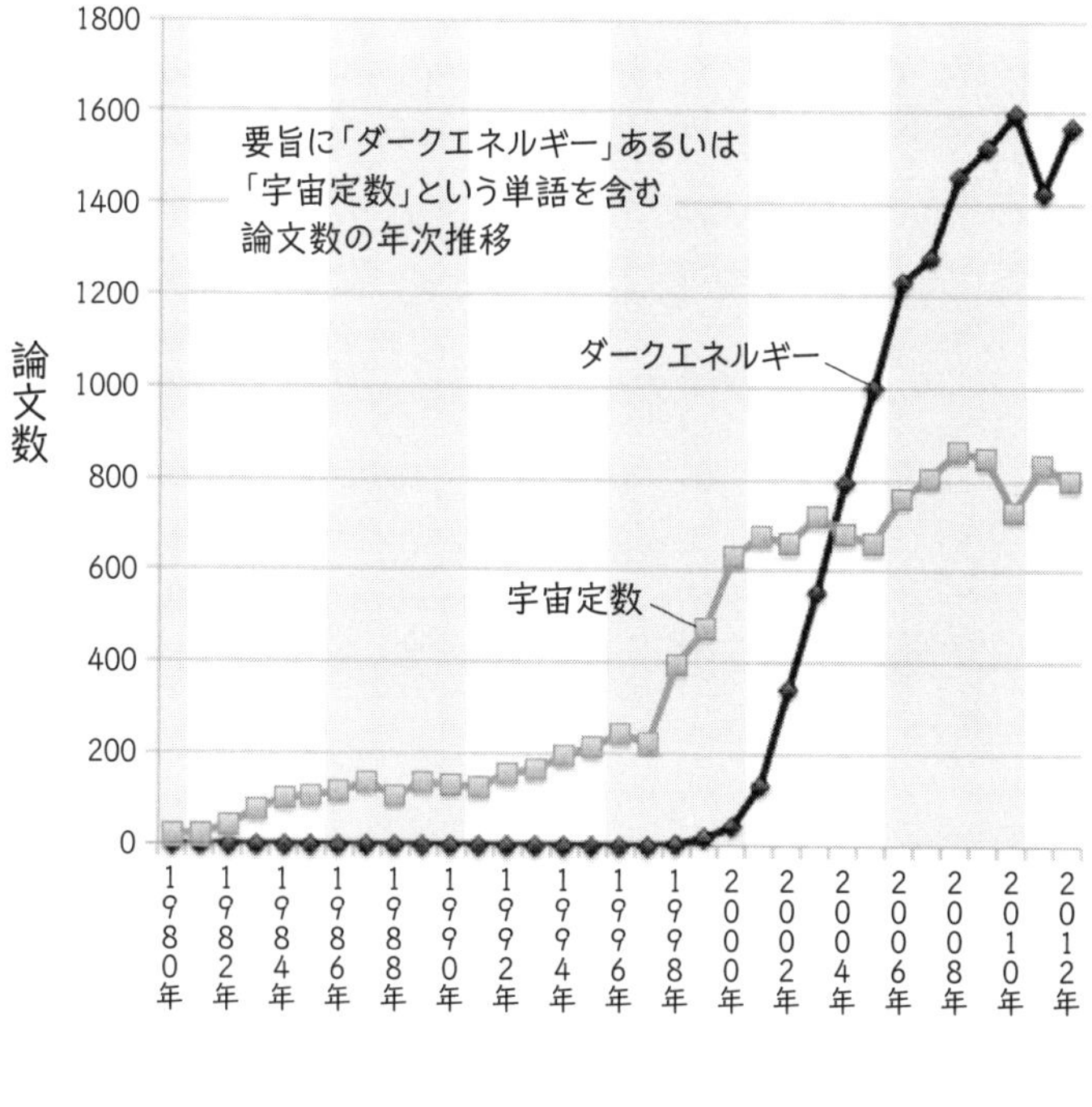

須藤靖「宇宙の加速膨張：宇宙定数か、ダークエネルギーか」
日本物理学会誌69(2014)7月号, pp.442-443.

として働く）ダークマターの働きが弱まることを意味します。ダークエネルギーが弱まるということは、ダークマターの力が強まったことになります。**宇宙の膨張・収縮は、ダークマターとダークエネルギーが綱引きしているようなもの**なのです。

70億年前から膨張が加速しているということは、拮抗《きっこう》していた両者のパワーバランスが崩れたということです。その時期の前後に何が起こったかを明らかにできれば、宇宙の将来がわかるかもしれません。

そこで、２０１４年に本格稼働したすばるＨＳＣ（52ページ参照）を使って、日本、台湾、アメリカから集まった２００人の研究者が、詳細な宇宙の地図を作成しているところです。最近の観測結果からは、どうやらぼくたちの宇宙は、今後少なくとも１４００億年は生きながらえることができるとわかりました。

これはＨＳＣによる1年分の観測データを用いた結果ですが、その最終的な結果いかんでは、「相対性理論が間違っていた」ということになる可能性もあります。少なくとも、宇宙の謎の解明は大きく進むことになるでしょう。

前ページのグラフは「dark energy（ダークエネルギー）」または「cosmological constant（宇宙定数）」という単語を「要旨」に含んでいる論文数の推移。宇宙の加速膨張が発見されてからいずれも急激に増加し、とくにダークエネルギーに関する論文数の「加速膨張」には目を見張るものがあります。「宇宙膨張の謎を解き明かしたらノーベル賞は間違いない」といわれているだけに、研究者たちはダークマター、ダークエネルギーを真っ先に見つけようと躍起になっているのです。

CHAPTER_5 08/09

宇宙の正体は「ひも」だった？

ダークエネルギーの有力候補のひとつとされているのは、「真空のエネルギー」と呼ばれるもの。第2章で紹介した「真空のゆらぎ」（89ページ参照）で、粒子が生まれては消える状態――エネルギーが瞬間的に生まれてはなくなる状態に生まれる力で、宇宙のルーツともいえます。

真空のゆらぎは微視的な量子力学の現象と考えられます。そのため、ダークエネルギーの正体を明らかにするには、大きな規模の物理を扱う一般相対性理論と、とても小さな世界の物理を説く量子力学をいっしょに説明できる理論が必要になります。

たとえばニュートンの運動方程式は相対性理論のなかに取り込まれており、ぼくたちの日常生活から星の運動までを矛盾なく説明することができます。しかし**量子力学と相対性理論は相性が最悪で、ひとつの式にすることができない**のです。

「神はサイコロを振らない」と言って量子論を批判したアインシュタインも、人生の後半は、量子力学で説明できる電磁気力と、一般相対性理論で説明できる重力を統一しようとしましたが、成功しませんでした。ちなみにアインシュタインの時代には、自然界の4つの力のうち、まだ強い力と弱い力は発見されていません。

なぜ両者の相性が悪いかというと、たとえば「重力があると時間と空間がゆがむ」ということが、「あるかないかは確率でしかない」「電子は観察すると粒《つぶ》になり、観察していないと波になる」という超ミクロの量子力学の世界でも成立するかどうかを検証するのが難しいからです。

また、量子力学では物質の基礎を素粒子という大きさのない点として捉えているため、一般相対性理論に当てはめるとエネルギーや質量が無限大になってしまうケースが出てくるのです。

これに対して、重力を含む4つの力を矛盾なく説明しようとするのが「超ひも理論」です。この理論では、宇宙を構成する最小単位を、点で表される素粒子ではなく、有限の長さあるいはサイズをもつ「ひも（弦）」と考えます。ひものサイズは10のマイナス35乗メートルほど。それが回転したり振動したりします。

バイオリンがさまざまな振動をすることで違う音色を生むように、ひもがさまざまな振動をすることで、クォークやレプトン、力を伝える粒子（光子や重力子など）とい

超ひも理論のいろいろな「ひも」

ひもの種類	粒子	力
末端のある弦 (ゲージ粒子) 	光子	電磁気力
	グルーオン	強い力
	Wボソン Zボソン	弱い力
輪状の弦 	重力子	重力

う違った素粒子に見えます。そのひもがくっついたり離れたりすることによって、粒子間の相互作用が起こると考えます。

また、このひもには、端が開いたものと閉じたものがあります。開いたひもは電磁気力や光子、強い力などを表し、閉じたひもは、重力を伝える重力子を表します（前ページ参照）。

そんなことをいわれても、まったくピンときませんよね。しかもこのひもは、なんと9次元の世界に存在しています。ぼくたちが認識できているのは、タテヨコ高さの3次元と時間を合わせた4次元ですが、さらに5次元、想像もつかない世界が広がっているらしいのです。

第2章で、ぼくたちが水を「熱い」とか「冷たい」と感じるのは、じつはぶつかってくる水の分子の勢いの違いだと説明しました（101ページ参照）。つまり、みなさんがなんとなく認知していることと実際に起こっていることは、随分と違っている可能性があるということです。ですから、ぼくたちが「空間」や「時間」だと認識しているものも、正体はまったく違うものなのかもしれません。

超ひも理論が正しいかどうかはわかりません。が、相対性理論と量子力学が矛盾なく説明できるかもしれないとして、さらに研究が進められています。ダークエネルギーの謎の解明は、その延長線上にありそうです。

原始宇宙に迫る

このように宇宙は、ダークバリオン、ダークマター、ダークエネルギーと、「ダーク」なもののオンパレード。その解明に向けてさまざまな取り組みがなされているわけですが、ほかにも、いま科学者がなんとか見つけたいと躍起になっているものがあります。その代表的なものが「原始重力波」です。

２０１５年にＬＩＧＯ《ライゴ》が検出した重力波（１４２ページ参照）は、連星ブラックホールの衝突によって生まれた時空のゆがみによる波でした。原始重力波はこれとはまったく違い、宇宙の起源に迫るものです。

第2章で説明しましたが、宇宙は誕生してから38万年後に晴れ上がり、光が直進できるようになりました。このときの最初の光（電磁波）が宇宙マイクロ波背景放射として捉えられています。ところが、晴れ上がり以前の様子を調べようとしても、そのころはまだ光が真っ直ぐ進まないので、可視光でも電波でも捉えることはできませんでした。

そこで重力波の出番です。重力波は光が直進しないところでも観測できるので、晴れ上がり以前のことを調べることが可能なのです。

さて、ビッグバンの直前に宇宙が急膨張するインフレーションが起きたと考えられています。急激な変化は必ず足跡を残すはずで、そのひとつが「原始重力波」と呼ばれるものです。**原始重力波の観測ができれば、本当にインフレーションが起きたかどうか、インフレーションはどのように始まりどのように終わったかといった、宇宙の起源に限りなく迫ることができ、また、超ひも理論などの検証にもつながります。**

ということで、原始重力波を検出する競争が行われています。大きく分けて、宇宙マイクロ波背景放射に刻み込まれた痕跡を細かく分析する方法と、レーザー干渉計を使って現在の宇宙に残る原始重力波を捉える方法がありますが、それぞれ概要だけ紹介しておきましょう。

まず宇宙マイクロ波背景放射を分析する方法です。宇宙マイクロ波背景放射は、全天から地球にやってきますが、その方向によって偏りがあります。宇宙マイクロ波背景放射を、宇宙を伝わる波として考えたとき、その振動の方向にわずかな偏りが生じます。宇宙の始まりのころに原始重力波が飛び交っていた場合「Bモード偏光」という独特な痕跡が生まれるはずで、それを見つけることで、原始重力波の間接的な検出ができるのです。

ところが、検出される偏光の98％は銀河系内のノイズなど別の原因で生まれたもので、とくに地上からの観測では、大気のゆらぎなどもあって一筋縄ではいきません。2015年にこの方法で原始重力波を検出したというニュースが流れましたが、天の川銀河のガス中に存在する塵《ちり》によって生み出されたいわばノイズでした。原始重力波の波はとてもわずかなものなので、正確に検出することはとても難しいのです。

そこで、人工衛星を使って原始重力波の痕跡を見つけようという計画があります。東京大学カブリ数物連携宇宙研究機構とJAXAが中心となって推進している天文衛星「LiteBIRD《ライトバード》」計画です。2020年代初頭に打ち上げ、約3年間の観測を行うことが予定されています。

一方のレーザー干渉計は、LIGOでも使われた、重力波を直接観測することができる装置です。ただし、原始重力波からの波は、インフレーションと宇宙の膨張によって、波長が数百万㎞から数十億光年という途方もないサイズに引き伸ばされているため、LIGO（重力波を捉えるアームは4㎞）のような地上のレーザー干渉計では観測できません。しかし、宇宙空間にレーザー干渉計を打ち上げれば、距離の問題はクリアできるはずです。

現在、日本は「DECIGO《ディサイゴ》」という計画をもっており、宇宙機を一辺が1000㎞になるように、三角形（レーザーを発する宇宙機と、そのレーザーを鏡で受ける宇宙機2機の合計3機）に配置。2030年代の打ち上げを目指して研究開発を進めているところです。

欧州宇宙機関が2034年の打ち上げを予定している「LISA《リサ》（Laser Interferometer Space Antenna）」はもっとスケールが大きく、3機の宇宙機を、それぞれを最大500万㎞の距離で三角形に配置する計画です。

これらの計画は原始重力波だけに特化したプロジェクトではなく、重力波一般を捉えることを目的にしています。しかし、理論的には十分、原始重力波をも捉えることができるはず。DECIGOが実際に観測を始めるのは少し先の話になってしまいますが、138億年の宇宙の歴史から見たら、10年や20年は一瞬にすぎません。

いずれにしても、インフレーションという宇宙最大の謎のひとつが解き明かされる瞬間に、ぼくたちは立ち会えるかもしれないのです。

見つけられるかな
ダークマター

おわりに

ぼくは、子どものころから美しい星空に魅了されていました。小学校高学年のとき父に天体望遠鏡を買ってもらってからは、晴れた日の夜は必ず自宅のベランダに望遠鏡を出して星空を眺めていました。そして、いま目の前で輝く星が、光の速さで行っても何万年もかかる場所にあるというスケールの大きさに圧倒されました。当時綴《つづ》っていた天体観察記録のノートは、いまも大切に手元にあります。

ぼくたち人間は、４０００年以上前から、宇宙の仕組みを知ろうとして、地道な研究を重ねてきました。その結果、宇宙の始まりが「真空のゆらぎ」だったことを知り、宇宙誕生から「たった」５億年という大昔の宇宙の姿を見ることもできるようになりました。さらに、ほかの天体への移住計画なども絵空事ではなくなっています。

にもかかわらず、宇宙について、ぼくたちが把握できているのは14%くらいにすぎないのではないかと思うこともあります。「なんだ、それくらいしかわかっていないのか」と思われるかもしれませんが、ぼくは研究者として、まだまだ解明すべきことがたくさん残っていることに、ワクワクを覚えます。と同時に、なんの変哲もない銀河の端っこにいるぼくたちが、宇宙の始まりまで解明しつつあることは、とても不思議なことだとも感じます。

研究の最前線では、ときには世界各国が協力をし、ときには熾烈《しれつ》な競争をしながら宇宙の謎を解き明かそうとしています。そんななか、いま台風の目となっているのは中国でしょう。高く評価された研究論文の数では、２０１３年以降、中国がトップを独走しています。２０１５年は中国の30％に対し2位のアメリカは20％と、10％の差を付けました。一方、ドイツ、フランス、イギリス、日本は、いずれも10％以下に甘んじています。

でも、日本の研究者の貢献度はけっして小さくはありません。第5章で紹介した小柴昌俊・東京大学名誉教授のニュートリノ検出の成功だけでなく、佐藤勝彦《さとうかつひこ》・東京大学名誉教授の「インフレーション宇宙論」(第2章参照)など、宇宙論の常識を左右するような発見や理論構築などをしているのです。

中国やアメリカの予算の大きさにはかないませんが、日本としても知恵を絞って対抗していきたいものです。

さて、ここまで読み進めていただけたなら、宇宙に関する新聞記事などについても、以前より内容がスッと入ってくるようになっているはずです。この本を通じて身に付けた新しい知識を、ぜひ家族や友人、同僚などに話してみてください。そうして、宇宙に興味をもつ人が少しでも増えてくれたら、こんなにうれしいことはありません。

宇宙の研究は、突き詰めていうと「ぼくたちはどこから来て、どこへ行くのか」を知ることに通じます。これからもみなさんが驚くような発見が内外の研究機関から相次いでもたらされるでしょう。ぼく自身も宇宙の真髄に迫るような研究を続けていくつもりです。そして、無数に残されている宇宙の謎を、一つでも多く解き明かしていきたいと思っています。

2018年11月　吉田直紀

［著者］吉田直紀（よしだ・なおき）

宇宙物理学者

１９７３年、千葉県生まれ。東京大学工学部航空宇宙工学科卒業、同大学院工学系研究科修了。２００２年、マックスプランク宇宙物理学研究所（ドイツ）博士課程修了。ハーバード大学天文学科博士研究員、名古屋大学助教等を経て、東京大学大学院理学系研究科教授兼カブリ数物連携宇宙研究機構主任研究員（現職）。宇宙論と理論天体物理学の研究に従事し、スーパーコンピュータを駆使してダークマターやダークエネルギーの謎に挑んでいる。著書に『宇宙１３７億年解読』（東京大学出版会）、『宇宙で最初の星はどうやって生まれたのか』（宝島新書）、『ムラムラする宇宙』（学研）などがある。

編集：大森 隆
編集協力：中野富美子
　　　　　藤原将子
図版：ＷＡＤＥ（原田鎮郎）
イラスト：吉田しんこ

地球一やさしい宇宙の話
巨大ブラックホールの謎に挑む！

二〇一八年 十二月十七日 初版第一刷発行

著　者　吉田直紀
発行人　岡 靖司
発行所　株式会社小学館
〒一〇一－八〇〇一 東京都千代田区一ツ橋二ノ三ノ一
電話 編集：〇三－三二三〇－五一四一
　　 販売：〇三－五二八一－三五五五
印刷所　萩原印刷株式会社
製本所　株式会社若林製本工場

Printed in Japan ISBN978-4-09-388636-9